菜園家族21

分かちあいの世界へ

小貫雅男・伊藤恵子

コモンズ

もくじ●菜園家族21

装幀・日高眞澄

プロローグ　国破れて山河あり

私たちは、大地からかけ離れ、あまりにも遠くに来てしまいました。今、私たちの暮らしや生産のあり方そのものが、根源から問われているのではないでしょうか。

日本の農村コミュニティは、最悪の事態に直面しています。六五歳以上の高齢者が住民の半数を超え、集落の自治や、生活道路の管理、祭りをはじめとする村の行事など、共同生活の維持が困難になった「限界集落」が、全国各地に続出。その数は、七八七三にも及ぶと言われています。こうした集落では、就学年齢より下の子どもはほとんどいません。一人暮らしの老人とその予備軍のみが残り、田畑は荒れ、空き家は朽ちるのを待つばかりです。この先、二六四三にものぼる集落が、いずれ消滅されるとさえ想定されています（国土交通省調査、二〇〇六年）。

一方、大都市では、人口の集中による過密化が生活環境や子どもの育つ場を悪化させてきました。競争にかきたてられる教育環境のもとで、これまでには考えられなかった異常事態が、子どもの世界にも次々に起きています。

さらには、失業者や不安定労働、いわゆる「ワーキング・プア」が増大し、所得格差はますます拡大しています。同時に、正規労働者も成果主義のもとで過重労働に晒《さら》され、心身を病むなど、新たな問題をかかえ、解決不能の状況に陥っています。とくに、バブル崩壊後の〝就職氷河期〟

のさなか、職業人生のスタートでつまづいた多くの二〇～三〇代の若者たちが、明日への希望を何ら見出せないまま、絶望と孤独のうちにさまよっています。このままこうした層が累積していけば、ますます殺伐とした社会になるでしょう。

庶民の切実な悩みをおきざりにしたまま、効率よく利潤を得ようと、農林水産業を捨て、いまや工業をもないがしろにして、富裕層は投機的〝マネーゲーム〟に奔走しているのが日本社会です。額に汗して大地を耕し、〝もの〟を手づくりする術を忘れ、莫大な利益を瞬時のうちに手にしようと、巨額の資金を操るディーラーや投資家の群像。巨万のマネーが今、地球を駆けめぐっています。

こうした市場競争至上主義のアメリカ型「拡大経済」においては、〝景気回復〟の方法は結局、消費拡大によって消費と生産の循環を刺激する以外になく、それは所詮、〝浪費〟の奨励にしかすぎません。「二一世紀は〝環境の時代〟」といって、「地球環境の保全」を声高に叫んでも、その同じ口から〝浪費〟を奨励しなければ立ち直れない。そんなどうしようもないジレンマに陥らざるを得ないのです。つまり、市場競争至上主義のアメリカ型「拡大経済」を前提にするかぎり、人類が直面する最大の課題である地球環境問題においても、表面的な対策を平然と誇らしげに喧伝するほかありません。

このような今日の社会的状況は、これまでの「改革」なるものが、実は、うわべだけを糊塗《こと》する、行き当たりばったりの対症療法にすぎなかったばかりか、庶民に過酷な負担のみを強いる、未来社会の構想が不在の、単なるその場しのぎの欺瞞の政策にほかならなかったことを如実に示しています。

私たち人類は今、少なくとも一八世紀のイギリス産業革命以来、二百数十年間、人びとが拘泥してきたものの見方・考え方を支配する認識の大きな枠組み、つまり、既成のパラダイムを根本から変えなければならないときに来ているのではないでしょうか。市場競争至上主義のアメリカ型「拡大経済」から、都市と農村の首尾一貫した連帯による自然循環型の共生社会への根本的転換は、これ以上、先送りできない緊急の課題です。

ところで、私たちの過去の暮らしは、どのようなものだったのでしょうか。

日本列島を縦断する脊梁山脈《せきりょう》。この山脈を分水嶺に、太平洋側と日本海側へと水を分けて走る数々の水系。これらの水系を集めて流れる河川に沿って、かつては森と海(湖)を結ぶ流域循環型の地域圏《エリア》が形成されていました。

川上の森には、奥深くまで張りめぐらされた水系に沿って集落が点在し、人びとは山や田や畑を無駄なくきめ細やかに活用し、自らのいのちをつないできました。森によって涵養された無数の水源から、清冽な水が高きから低きへとめどもなく流れるように、森の豊かな幸は山々の村から平野部へと人びとによって運ばれていきます。それとは逆方向に、平野や海(湖)の幸は森へ運ばれていきました。森と野と海(湖)の人びとは互いに補完し合いながら、それぞれかけがえのない独自の資源を無駄なく活用する自立度の高い流域地域圏《エリア》を、太古の縄文以来、長い歴史をかけて築きあげてきたのです。

こうした流域地域圏《エリア》は、それぞれが独特の個性に彩られて生き生きと息づき、その一つひとつが、日本列島の北から南までモザイク状に隈《くま》なくちりばめられていました。そこには、自然に溶け込むようにして生きる人びとの姿、人びとの暮らしがありました。

ここ数年来、私たちが提起してきた「菜園家族」構想は、第二次世界大戦後、高度経済成長の過程ですっかり衰退した無数の流域地域圏《エリア》をふたたび甦らせることによって、農山村の過疎・高齢化と、平野部の都市過密を同時に解消し、国土全体にバランスのとれた循環型地域社会を築くことをめざしています。それによってはじめて、今日の日本経済の行き詰まりと限界が克服され、市場競争至上主義のアメリカ型「拡大経済」は、大地に根ざした「菜園家族」を基調とする自然循環型共生社会へと、しだいに転換していくにちがいありません。

この「菜園家族」構想のもとに、これまで私たちは環琵琶湖圏（近江国《おうみのくに》・滋賀県）を広域地域圏《エリア》モデルとしておさえ、そのなかからとくに湖東の「犬上《いぬかみ》川・芹《せり》川S鈴鹿山脈」流域地域圏《エリア》（彦根市および犬上《いぬかみ》郡多賀《たが》町・甲良《こうら》町・豊郷《とよさと》町の一市三町からなる）を選び、流域最奥の過疎山村・多賀町大君《おじ》ヶ畑《がはた》に拠点を構え、調査研究を重ねてきました（記号Sは、森と海（湖）の間の「水」や「ヒト・モノ」の循環を表す）。

奥山の集落・大君ヶ畑には、犬上川の源流域にあたる鈴鹿山脈の最高峰・御池《おいけ》岳（一二四七ｍ）の頂上に棲み、風雲を自在に支配するという竜神にまつわる民話『幸助とお花』が、今に伝えられています。それは、犬上川上流域の大君ヶ畑の「森の民」幸助と、中流域の扇状地にあって、しばしば旱魃《かんばつ》に悩まされていた北落《きたおち》（現在の甲良町の農業集落）の「野の民」の娘・お花が、竜神への誓いを反古《ほご》にした罪をあがなうために山頂の御池に身を投げる、という悲恋の物語です。最後に竜神が現れ、「お前たち二人は、私の身代わりとなり、この池を守って、犬上川流域の旱魃からみんなを守るように」と言って、天に昇り、突如姿を消したといいます。

『幸助とお花』を読み解いていけば、犬上川流域で長い歴史を生きぬいてきた数々の先人たちの、天上と森と野と湖をめぐる恵みの水の自然循環と、自らの流域地域圏《エリア》の暮らしへの深い思いが投影されていることに気づくはずです。

この民話に触発されて、大君ヶ畑と北落の人びとは一九八九年に兄弟郷《むら》の契りを結び、「森の民」と「野の民」の交流を続けてきました。きびしい自然と時代に翻弄されてきた長い歴史のなかで、流域の先人たちが果たせなかった、「地域」への深い思いや、人間として幸せに暮らしたいという素朴な願いを、二一世紀のこの時代に何とか果たしたい。そんな両村の人びとの切なる思いがひしひしと伝わってきます。

本書において私たちが地域モデルに設定した犬上川・芹川流域地域圏《エリア》を考察していくなかで見えてくるものは、決してこの一地域に限られた個別特殊な問題ではありません。むしろ、一地域を取り上げ、そこにこだわり、具体的に執拗に掘り下げて考察することによってはじめて、そこに日本の縮図のように凝縮されている今日の農山村と都市の問題を、トータルに生きたままリアルに捉え、そこにうごめく矛盾のメカニズムをより鮮明に浮き彫りにし、未来を展望することが可能になると考えています。

逆説的な言い回しになるかもしれませんが、本書は、あくまでも個別具体への固執によって、個別特殊ではなく、普遍に到達する方法を選んでいます。地中深く井戸を掘り下げ、やがて豊かな地下水脈に達したときはじめて、広々とした世界の真実につながっていくのです。

犬上川・芹川流域地域圏《エリア》で取り上げられ、捉えられたすべての問題は、日本列島の北から南まで隈なくちりばめられている他の多くの流域地域圏《エリア》で、同じく苦悩している人びとにも、きっと自分自身の問題として迫ってくるでしょう。その自覚を可能にしているのは、今日の日本の、そして二一世紀現代世界の、理不尽非道なまでに人びとを苦しめている客観的現実そのものです。そして、地域の未来を切り拓くのは、ほかでもない、この不条理な世界の苦しみのなかから目覚め、行動する現代の若き幸助とお花たち自身なのです。

国破れて山河あり
城春にして草木深し

お馴染みの杜甫《とほ》(七一二~七七〇)の「春望」冒頭の対句です。杜甫は晩年、妻子とともに、四川省成都の郊外、浣花渓《かんかけい》に茅葺きの草堂をむすび、排《はら》うべき社会への憂いを心に秘めながらも、ささやかな菜園に癒されつつ、自然との大いなる調和のなかに、心の平安を得たといわれています。

国の機構が解体し、ボロボロの無惨な姿になったとしても、自然は超然として存在しています。今こそ、私たちはもう一度この母なる自然に帰り、ゼロからの覚悟で本気で出直すのです。

菜園家族レボリューション。

〝レボリューション〟とは、もともと旋回であり、回転ですが、天体の公転でもあり、季節の循環でもあります。そこには、自然と人間界を貫く深遠な哲理が秘められているように思えてなりません。

原点への回帰を想起させるに足る壮大なる動き。現代工業社会の廃墟のなかから、それ自身の否定によって、田園の牧歌的情景への回帰と人間復活の夢を、この〝菜園家族レボリューション〟のことばに託したいと思います。

ごく一部の為政者による、中途半端なごまかしの繕いなどは、もはや許されないのです。

国破れて山河あり
どっこい菜園家族は生きていく

第1章

「辺境」からの視点

1　モンゴル『四季・遊牧』から「菜園家族」構想へ

私たちは長年の間、モンゴルの遊牧地域を考察してきました。今から振り返ってみると、絶えず日本の現実から出発し、そこに据えられた確かな目で見てきたような気がします。そして、異国に向けられたその目は、ふたたび原点ともいうべき日本の現実に注がれ、この反復の繰り返しによって、さらなる思索を深めることができたように思います。こうした調査研究は、学生や多くの住民・市民との連携のもとで続けられてきました。

この活動のなかで結実したものがあるとすれば、それは、ドキュメンタリー映像作品『四季・遊牧―ツェルゲルの人々―』(三部作全六巻、七時間四〇分)であり、また、日本各地で行われたこの作品の上映運動と農山村調査を通じて、学生・住民・市民との対話・交流のなかで培われてきた、「菜園家族」構想をあげることができます。

『四季・遊牧』は、一九九二年秋から一年間、モンゴルの首都から南西へ七五〇キロ離れたゴビ・アルタイ山中のツェルゲル村に住み込み、撮影、制作した作品です(図1―1)。山岳・砂漠の遊牧民たちのつつましい暮らし。大地にとけこむように生きる子どもたちの表情。ヤギの乳を搾る少女の目の輝き……。なぜかその一つひとつが雄々しく映ります。

図1–1　東アジアのなかの日本とモンゴル

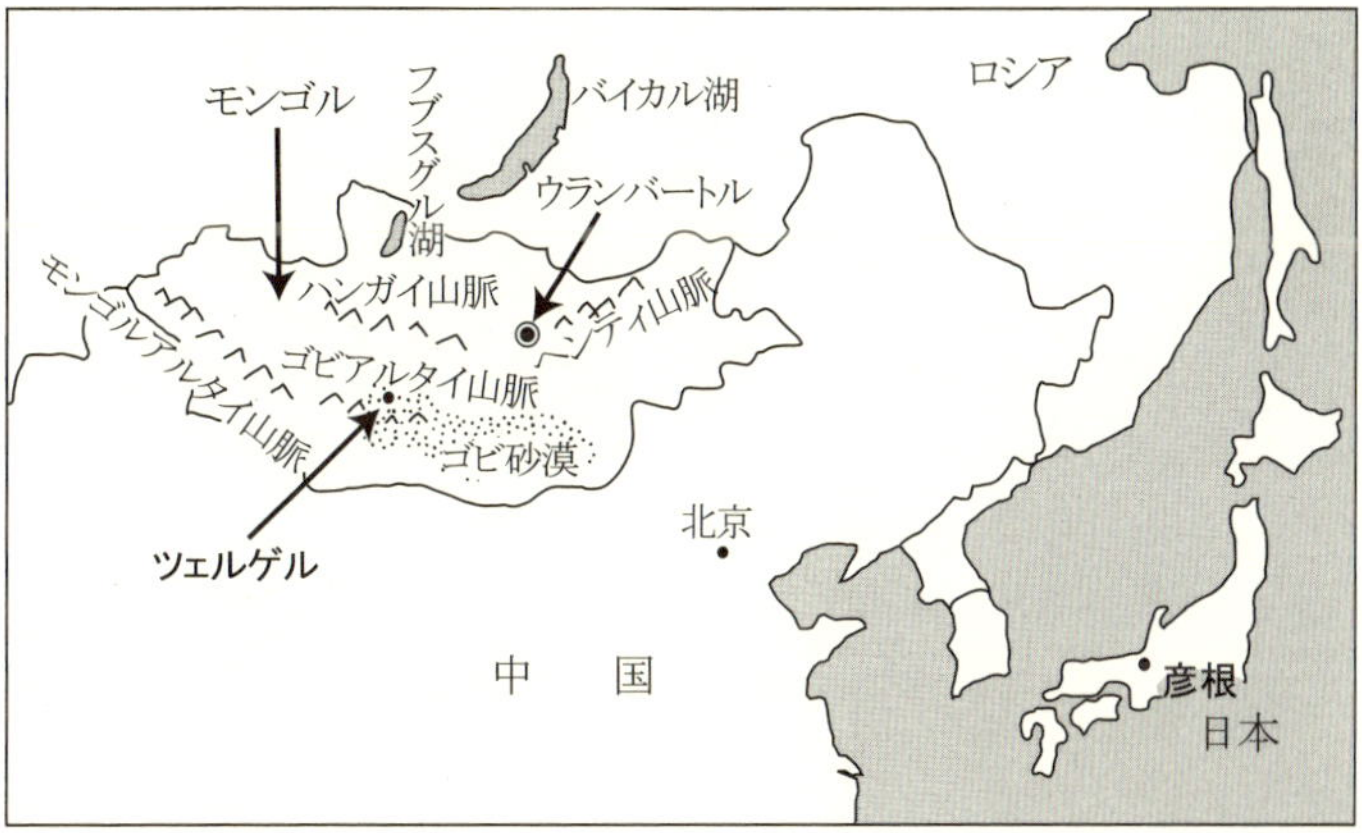

二一世紀の日本と世界の未来社会を展望する「菜園家族」構想は、国土の自然も暮らしも価値観も、現代日本とは対極にあるモンゴルの大地から日本を見る、いわば「辺境」からの視点にもとづき、そこから生ずる何ともいいようのない心の軋《きし》みや不協和音を絶えず気にしつつ、長年考えてきたことが下敷きになっているのかもしれません。

2　森と琵琶湖を結ぶ十一の流域地域圏《エリア》

近江国《おうみのくに》・滋賀県の象徴ともいうべき琵琶湖。この日本最大の湖は、湖西の比良《ひら》山地、湖北の野坂山地や伊吹山地、そして湖東の鈴鹿山脈など緑深い山なみに囲まれて、豊かな水をたたえています。滋賀県の総面積の五二・一%は、湖の周縁の森林地帯です。ここに降った雨や雪のほとんどすべてが、渓流や小川となって山

図1—2　森と琵琶湖を結ぶ11の流域地域圏《エリア》(滋賀県)

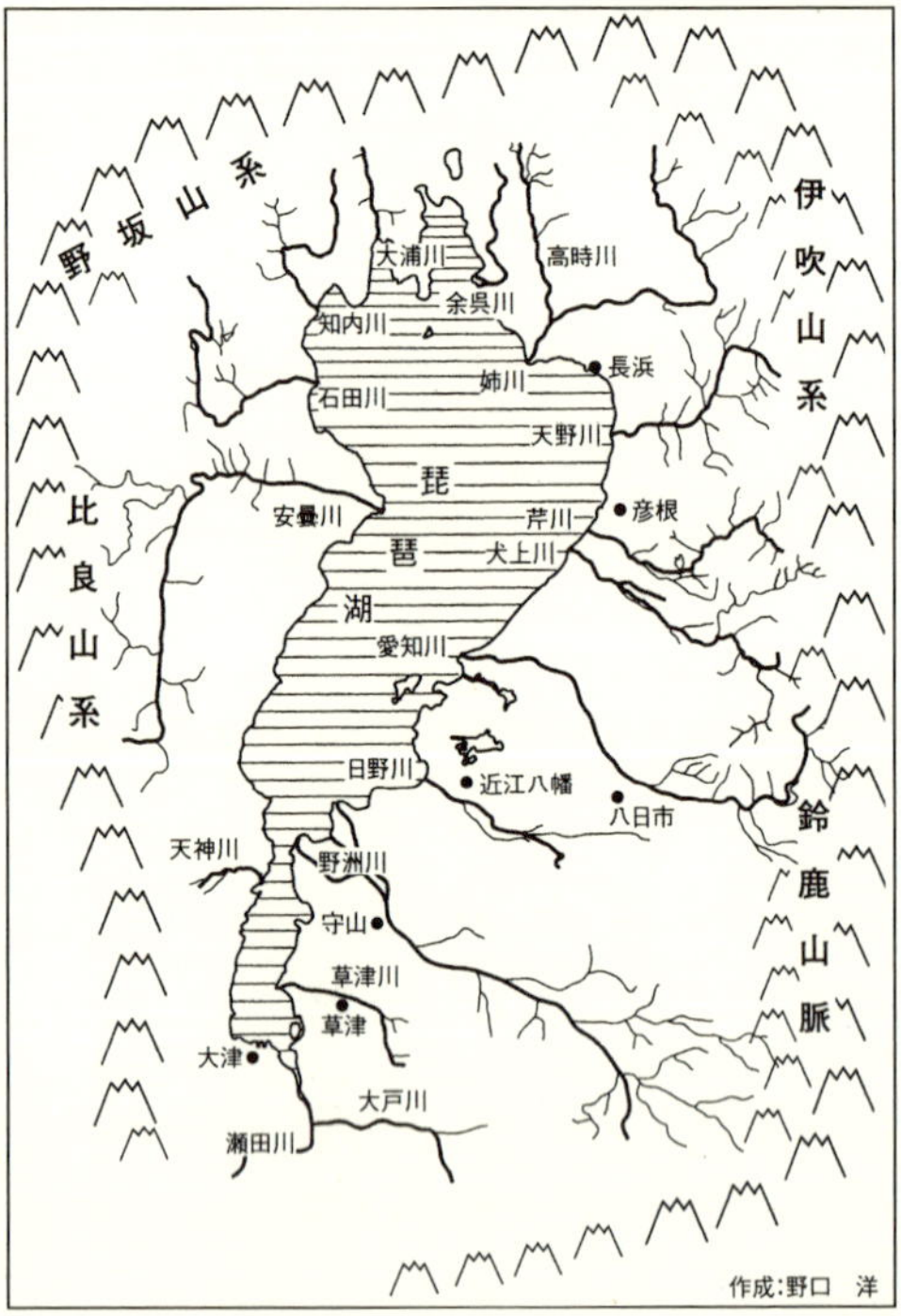

(注)山中から琵琶湖に注ぐ主要河川に沿って、中核都市を含む11の流域地域圏が想定される。

間を縫うように走り、やがて合流し、河川となって平野を流れ、琵琶湖に注いでいます。

一三九万六〇〇〇人(二〇〇八年現在)の人口を擁する近江国・滋賀県は、その中央に位置する琵琶湖に向かって周縁の山々から川づたいにいのちの水を走らせ、山間部の「森の民」や平野部の「野の民」の暮らしを潤してきました。そして、人びとのいのちを育みながら、さながら一風変わった巨大な生き物のように、一つのまとまりある広域地域圏《エリア》を形づくり、息づいています。支流を含め一〇〇〇を超すこれら河川のなかから主要な河川を取り上げると、これらに沿って、以下a〜kの十一の〃森と湖を結ぶ流域地域圏《エリア》〃が浮かびあがってきます(図1—2)。

a:「犬上川・芹川〜鈴鹿山脈」流域地域圏《エリア》、b:「安曇《あど》川〜比良山地」流域地域圏《エリア》、c:「石田川・知内《ちない》川Ｓ野坂山地」流域地域圏《エリア》、ｄ：「大浦川・余呉《よご》川Ｓ野坂・伊吹山地」流域地域圏《エリア》、ｅ：「高時《たかとき》川・姉川Ｓ伊吹山地」流域地域圏《エリア》、ｆ：「天野川Ｓ伊吹山地・鈴鹿山脈」流域地域圏《エリア》、ｇ：「愛知《えち》川Ｓ鈴鹿山脈」流域地域圏《エリア》、ｈ：「日野川Ｓ鈴鹿山脈」流域地域圏《エリア》、ｉ：「野洲《やす》川Ｓ鈴鹿山脈」流域地域圏《エリア》、ｊ：「草津川・大戸《だいど》川Ｓ鈴鹿山脈」流域地域圏《エリア》、ｋ：「天神川・瀬田川Ｓ比良山地・鈴鹿山脈」流域地域圏《エリア》。

日本の近世においては、こうした森と海（湖）を結ぶ流域循環型の地域圏《エリア》にはおおむね郡制がしかれ、郡役所がおかれてきました。たとえば、彦根市を中核都市とする「犬上川・芹川Ｓ鈴鹿山脈」流域地域圏《エリア》であれば、その地理的範囲は近世の近江国の犬上郡とほぼ一致しています。近世の循環型社会は、森林資源と平野部の資源を有効に活用し、そのうえで、森と平野が交流を密にすることによって、はじめて成立していた社会であったとも言えるでしょう。

「菜園家族」構想は、農山村の過疎と平野部の都市過密を同時に解消し、循環型共生社会をめざすものです。そうであれば、地域区画の面でも、循環型社会が高度に発達していたといわれる近世にあらためて着目し、〝森と海（湖）を結ぶ流域地域圏《エリア》〟を一つのまとまりある地域圏《エリア》として取り上げ、それを詳しく考察し、地域の未来構想の基底にしっかりと位置づけて考えていくことは、至極当然であるように思われます。

3　里山研究庵と調査活動の進展

「菜園家族」構想は、『週休五日制による三世代「菜園家族」酔夢譚《すいむたん》』（Ｎｏｍａｄ、二〇〇〇年）や、『菜園家族レボリューション』（社会思想社、二〇〇一年）をまとめた時点では、まだまだ抽象的で、机上の理論の枠を出るものではありませんでした。しかし、二〇〇一年には近江国の十一の流域地域圏《エリア》のなかから、具体的に彦根市を中核都市とする「犬上川・芹川Ｓ鈴鹿山脈」流域地域圏《エリア》を選び、地域モデルとして現実世界に設定。理論的にも新たな段階に入っていきました。

琵琶湖畔の城下町・彦根から、犬上川の北流を遡って三重県との県境に近づくと、突然人家が現れます。

図1—3　大君ヶ畑と、その周辺

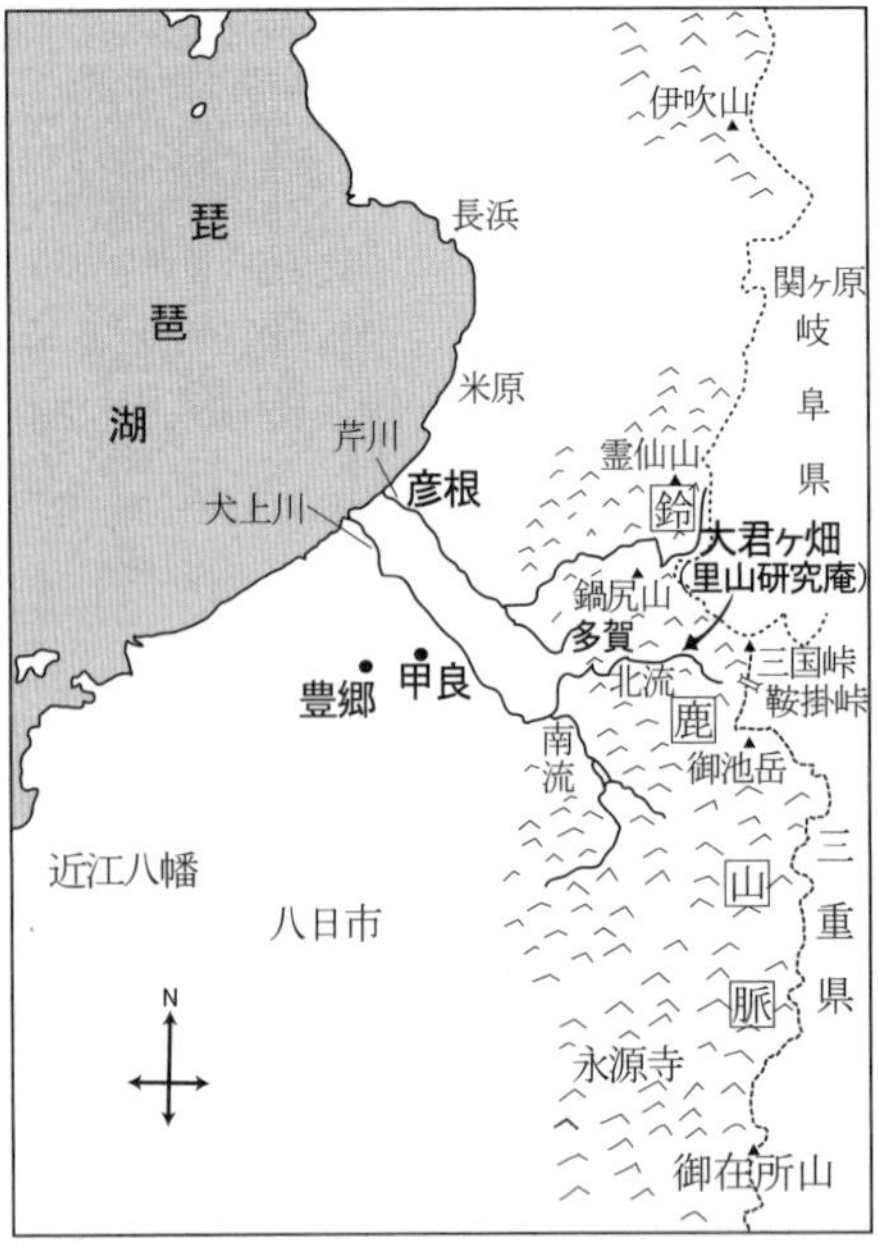

この山あいの集落・大君ヶ畑《おじがはた》には、落葉樹の若葉に映える渓流に沿って昔ながらの農家が四十数戸、ひっそりと居を構えています(図1—3)。

私たちは二〇〇一年六月から、この大君ヶ畑で一軒の空き農家をお借りし、調査研究活動を始めました。恐る恐る裏の勝手口の戸を開けると、五右衛門風呂の炊き口が、タイムスリップでもしたかのように目に飛び込んできます。広い玄関のひんやりとした土間から座敷にあがる框《かまち》(床の端に渡す横木)に腰をおろして一休みしていると、突然つばめが玄関口から飛来して、天井の梁の古巣をのぞき込んでは出ていきます。長年戸が締められていた空き家に新参者が現れたのだから、無理もありません。いかにも機敏に羽ばたく翼がうれしさを隠しきれません。人気《ひとけ》のない農家にも、こうしていのちを吹き込むことになったのです。

大君ヶ畑の集落内を流れる犬上川の北流は、ひと山向こうの谷筋を流れる南流と合流し、琵琶湖に注いでいます。また、同じく鈴鹿山脈を源に、芹川が琵琶湖に向かって走っています。これらの渓流に沿って、山深い山中の各所に集落が点在しているのですが、いずれも予想以上に過疎化と高齢化がすすみ、空き家が多くなりました。私たちは、この森と湖を結ぶ犬上川・芹川流域地域圏《エリア》最奥の地・大君ヶ畑の〝里山研究庵Ｎｏｍａｄ〟を拠点に、三つの水系の広大な山中一帯を対象とし、「菜園家族」構想の観点から、地域調査研究に取り組んでいます。

Ｎｏｍａｄはもともと英語で遊牧民の意。大地に生きる人間の姿をいつまでも地域研究の原点に持ち続けたいという思いをこめて名づけました。一見、時流に逆行する無謀(ｍａｄ)な「酔夢」

も、二一世紀の未来にいつかは生きてくると本気(no mad)で願っているのです。

調査研究をすすめるなかで、「菜園家族」構想は、単なる理論の枠にとどまらず、実現への具体的な道筋もより鮮明になってきました。同時に、それまでには想定できなかった理論面で解決すべき課題が、多岐にわたって浮上してきました。「菜園家族」という人間の存在形態は、人類史上、どのように位置づけられるのかという疑問から出発して、近代以来忌避されてきた「家族」とはいったい何なのか、という根源的な問い、さらには家族小経営の再評価が課題となってきます。

こうした疑問を、歴史をたどって理論的にも整理していくなかで、一九世紀以来の「社会主義理論」の欠陥や限界が浮き彫りになってきました。また、「菜園家族」が今日の現実世界に育成されるためには、どのような自然のまとまりのなかで、どのような地域の共同性や経済圏が不可欠となるのか、という課題も浮上してきます。これらを突き詰めていくうちに、人間は自然とのかかわりにおいてどうあるべきなのかという根源的問題に直面しました。そして、これらの問題を相互に関連づけながら考えていくことによって、研究のさらなる深化が可能になってきたのです。

こうした調査研究と併行して、二〇〇三年四月~〇四年七月にかけては、『四季・遊牧』と「菜園家族」構想を題材に、当時勤務していた滋賀県立大学(彦根市)の大教室を会場に、毎月第三土曜日、若者や住民・市民を対象に、〝菜園家族の学校〟を開催。意見と経験の交流を深めてきました。

この会では、毎月、各地から「菜園家族」的活動や地域づくりを実践しているユニークな方々を講師に招き、滋賀県内のみならず、京都・大阪・兵庫・奈良・和歌山など近畿一円から、毎回

“菜園家族の学校”。毎月 200 名もの市民・学生が琵琶湖畔のキャンパスに集い、熱心に学びあった

二〇〇名にもおよぶ人びとが集い、熱心に学びあいました。『森と海を結ぶ菜園家族―21世紀の未来社会論―』（人文書院、二〇〇四年）は、こうした流域地域圏《エリア》モデルの設定という新たな方法の導入と、若者や住民・市民との交流・学びあいとによって成しえた研究の成果であるといってもいいでしょう。

　そして、これに続く『菜園家族物語―子どもに伝える未来への夢―』（日本経済評論社、二〇〇六年）は、これまでの「菜園家族」構想研究の集大成として位置づけたものになっています。

　こうして、新しい段階をむかえた今、私たちは、ややもすると調査研究に重点がおかれがちであったこれまでの活動に、新たに「教育」と「交流」の二つの機能を加え、研究、教育、交流という三つの機能を統合し、かつそれぞれの機能が内的に有機的に連関する、ホリスティック（全一体的）な新しいタイプのユニークな「学校」のスタートに向けて、動き始めることになりました。それが、〝菜園家族 山の学校〟です。

4 〝菜園家族 山の学校〟から広がる展望

この〝菜園家族 山の学校〟は、大君ヶ畑に拠点をおきます。集落内にあった大君ヶ畑分校は、過疎・高齢化が進むなかで一九九六年三月に廃校となり、木造校舎は取り壊されました。校庭跡には保育園が残されましたが、まもなく園児が減少し、これも休園となって久しくなります。大君ヶ畑の人びとともに、この旧保育園を活用し、ここを拠点に過疎・高齢化の流れを何とか食い止め、活気に満ちた美しい山村に甦らせたいというのが私たちの願いです。そして、奥深い鈴鹿の山の過疎・高齢化に悩む山村から出発して、広く「犬上川・芹川S鈴鹿山脈」流域地域圏《エリア》全域を視野に収め、この〝森と湖を結ぶ流域地域圏《エリア》〟の再生をめざして調査研究を重ねながら、〝21世紀・近江国循環型共生社会〟の誕生を展望し、活動を展開していきたいと思っています。

「犬上川・芹川S鈴鹿山脈」流域地域圏《エリア》は、彦根市と犬上郡の多賀《たが》町・甲良《こうら》町・豊郷《とよさと》町の一市三町からなり、総人口一三万四二〇〇人の地域圏《エリア》です（図1―4）。それぞれの概況を紹介しておきましょう（人口は二〇〇八年現在の概数、森林率は二〇〇六年現在）。

図 1―4　彦根市・多賀町・甲良町・豊郷町の１市３町

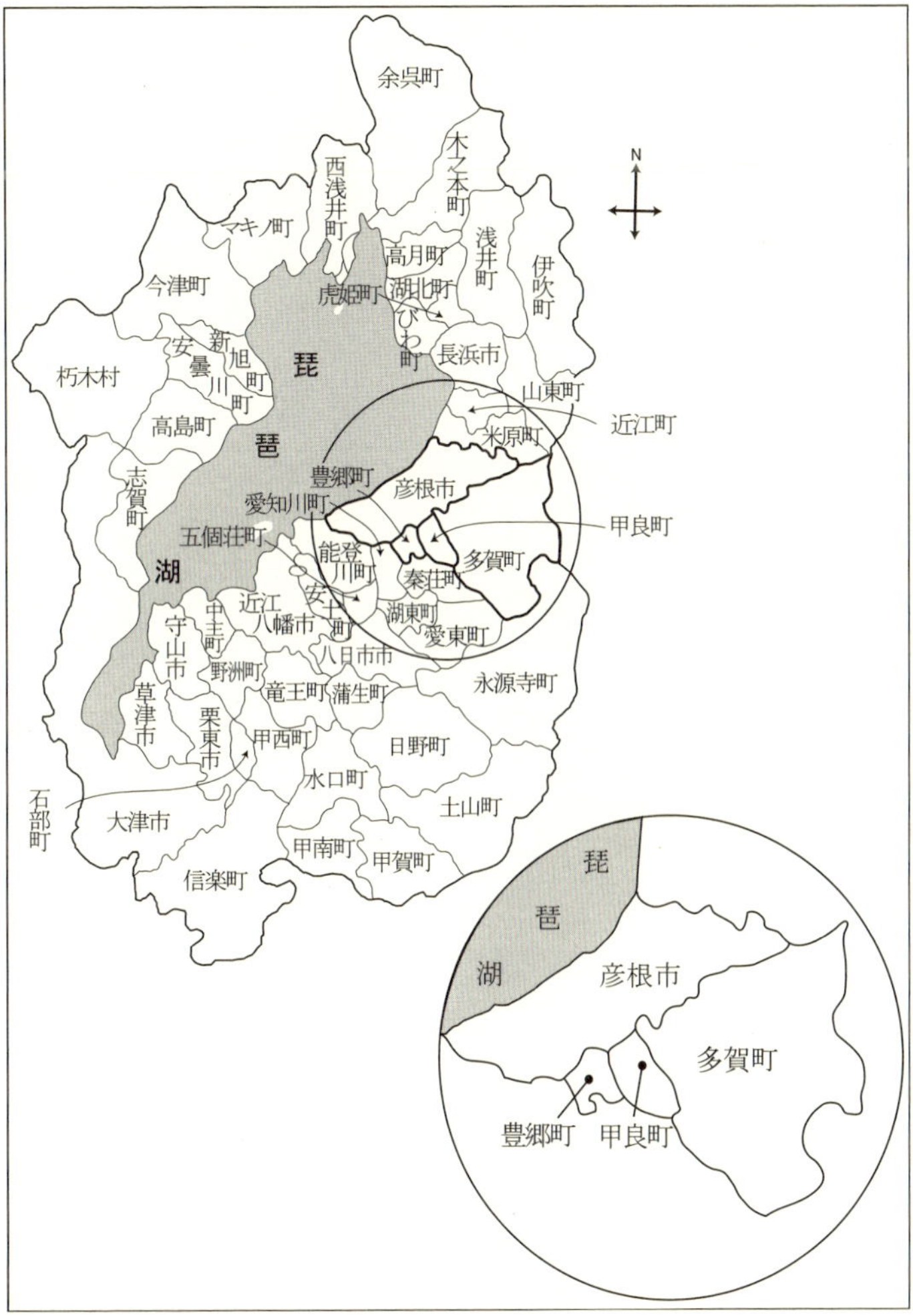

（注）市町村名は、いわゆる「平成の大合併」以前のものである。

彦根市＝犬上川・芹川下流域、琵琶湖の東岸に沿って広がる流域平野に位置し、鈴鹿山脈の北東部の山間の一部も含む。総面積九八・一五㎢、人口十一万九〇〇〇人、森林率二五・八％。

甲良町＝彦根市の南側に接し、犬上川中流域に広がる扇状地帯に位置する。南東部には、わずかではあるが鈴鹿山脈が含まれる。総面積一三・六六㎢、人口七九〇〇人、森林率十二・八％。

豊郷町＝甲良町の西側の平野部に位置する。総面積七・七八㎢、人口七四〇〇人、森林率〇％。

多賀町＝犬上川・芹川上流域、甲良町の東側、彦根市の南側に位置する。ごくわずかの平野部のほかは鈴鹿山脈の広大な山間部から成り立つ。総面積一三五・九三㎢、人口八〇〇〇人、森林率八五・五％。


多賀町一町で、流域地域圏《エリア》(一市三町)の総森林面積の八一・〇七％を占めています。つまり、多賀町は流域地域圏《エリア》内で唯一、鈴鹿山脈の広大な森林地帯にある、山村といってもいい土地柄なのです。広大な森林地帯の山あいを流れる幾筋もの渓流は犬上川と芹川に集められ、流域地域圏《エリア》の平野部を縫うように流れ下り、やがて琵琶湖に注いでいます。

大君ヶ畑をはじめ、この流域地域圏《エリア》の人びとは、この〝学校〟を拠点に、自らの地域再生をめざして、新しい時代にふさわしい理念のもと、歴史的・世界的視野をも培いながら、自然や社会や経済などあらゆる領域を総合的に学び合っていくことでしょう。こうした切磋琢磨のなかから、やがて二一世紀の地域の未来を切り拓くたくましい主体となっていくにちがいありません。

第2章

人間復活の「菜園家族」構想

この章では、人間にとって根源的ともいうべき母胎である「家族」や「地域」にあらためて焦点を当て、その再生について考えていきます。その前提として、まずいくつかの基本的なことを取り上げなければなりません。

市場競争至上主義の「拡大経済」の猛威による、人間性の破壊。地球温暖化による、迫りくる地球環境の破局的危機。こうした混迷と閉塞の時代にあって、多くの人びとがそこからの脱出を願いながらも、その道を探りあぐねています。これまで私たちがよしとしてきた価値を根底から問いただし、ものの見方・考え方を支配してきた既成の認識の枠組み（パラダイム）そのものを革新しないかぎり、脱出の道は望むべくもないからです。

このような混沌ともいうべき現代であるからこそ、地域に生きてきた先人たちの過去の思想的遺産から何を学び、何を継承すべきなのかを考えることは、今までにも増して大切になってきています。ここでは、プロローグでふれた民話『幸助とお花』を取り上げ、そこにこめられた先人たちの思いから、今日的意義を汲みとることから始めましょう。

そのうえで、今日の新たな地平に立って、地域再生の拠りどころとなるべき「菜園家族」構想の基本理念や原理をあらためて考え直し、確認したいと思います。そして、世界の人びとにとって、今日、焦眉の課題となっている地球温暖化問題の解決にとって、「菜園家族」構想は、どのようなかかわりをもっているのかを明らかにし、新たな視点から、その解決への糸口を探りたいと思います。それが今日の地球温暖化問題への取り組みに対してもささやかな警鐘になれば、幸いです。

1　「菜園家族」構想の理念と原理

民話『幸助とお花』の世界

鈴鹿山脈の最高峰・御池岳《おいけだけ》の山頂に棲み、風雲を自在に支配するという竜神信仰。湖東の平野を流れる気流は鈴鹿の山々にあたって上昇し、雲となり、雨や雪となって地上に届けられます。森に降った雨や雪は渓流となって山あいを走り、やがて大きな川となって平野を流れ、琵琶湖に注ぎます。そして、ふたたび姿をかえ、水蒸気となり、上昇していくのです。

この大自然の悠久の水の循環のなかに身をゆだね、太古より人びとは生きてきました。天空と大地をめぐる恵みの水の循環あっての、人間のいのちです。したがって、この自然の循環の深奥にあって、それを成立させている自然の摂理が、人びとにとって絶対的な力＝竜神として意識に映るのは、至極当然のなりゆきなのかもしれません。

民話『幸助とお花』の原形は、鈴鹿山中、最奥の地・大君ヶ畑《おじがはた》の人びとによって語り継がれてきました。この伝承をもとにして、地元の中居林太郎さん（一九二九年生まれ）がまとめたお話が、『多賀町の民話集』（多賀町教育委員会編、一九八〇年）に収められています。

幸助は、犬上川上流域・大君ヶ畑の「森の民」です。一方、お花は鈴鹿山脈のふもと、犬上川中流域・北落《きたおち》の「野の民」の娘です。北落をはじめ、犬上川のつくる扇状地帯の上にできた村々は古来、旱魃に苦しんできました。

村でも評判の美しい娘お花は、近郷、近在の若者たちの誘惑が絶えず、それがもとで重い病に倒れてしまいます。そこで、御池の八大竜王に、「もし元のからだに戻してもらえるなら、自分は一生あなたに仕え、夫と呼ぶべき男をもたないと誓います」と祈願したのです。その願いが通じたのか、お花は健康を取り戻します。そして、屋敷に竜王の祠《ほこら》を建立し、ひたすら神に仕えました。御池岳にもたびたび祈願し、登り口にある大君ヶ畑の宿に逗留するうちに、旅人たちの案内役をしていた大君ヶ畑の青年・幸助と知り合い、相思う仲となります。

お花の秘密を知らない幸助は夫婦の契りを結ぶことを迫り、お花も神への誓いを忘れて、所帯をもったのでした。しかし、まもなくお花はやせ細り、今にも死にそうな姿になります。不思議に思った幸助は、お花を問いただし、今までの身の上を知るのです。

御池岳の竜神は、犬上川流域の郷を守る大神。幸助は竜神への誓いを反古にしたお花を責めるとともに、知らなかったとはいえ、竜神に仕えるお花を汚したわが身の罪をあがなうために、山頂の池に身を投げたのでした。その後をお花が追うことになるのですが、そこでこの物語は終わりません。

突如、池の水は激しく渦を巻き、竜神が現れます。そして、こう言い残して忽然と昇天するのです。

「お花の心変わりを許すことはできないが、幸助のお花を想う心に負けた。お前たち二人は、私に代わってこの山頂の池を守り、犬上川流域の旱魃から村人たちをいつまでも守るように」

こうして、幸助とお花の二人は御池岳の竜神となりました。旱魃になると、近在の人びとは御池岳に登り、雨乞いをするようになったといいます。

蔑《ないがし》ろにされた先人の思い、分断された流域循環

民話を民衆の意識の投影と見るならば、このストーリーの急展開から、犬上川・芹川流域で長い歴史を生きぬいてきた人びとの意識の流れに、二重構造ともいうべき大きな変化が読みとれます。初めは、竜神は明らかに自然を支配する絶対的な力であり、恐れおののくべき畏怖の対象として現れます。しかし、やがて民衆は村人のなかから幸助とお花を代償として捧げ、畏怖すべき竜神の位置に、ごく身近な仲間を自分たちの代表として置き替えたのです。

これは、犬上川流域に生きる民衆の意識に、質的な変化が起こったことを示唆しています。つまり、異界に棲む畏怖すべき竜神ではなくて、幸助とお花に象徴されるように、自分たちと同じ流域に生まれ育ち、同じような苦労を重ねながら村の歴史を営々と築いてきた先人たちが、今の自分たちを見守ってくれるのだ、という意識への変化です。そこには、先人たちが見守っているからこそ、その遺志を継いで、この流域の暮らしを自分たちの力で築いていかなければならない、

という積極的な意志がこめられているように思えてなりません。

そのうえで注目したいことは、身代わりとして選んだのが、川上の山間部の「森の民」から一人と、川下の平野部の「野の民」から一人であったということです。ここにも、流域の民衆の並々ならぬ思いを読みとることができます。

犬上川流域では、古い時代から、山間部と平野部がお互いの不足を補完し合うことによってはじめて、〝森と湖を結ぶ流域循環型社会〟が成立し、そのなかで人びとは生きることができたのです。先人たちは、この流域地域圏《エリア》で生きていくためには、その山や野や川や湖の生態的環境を子々孫々にまで伝え、自然に根ざした暮らしを「森の民」と「野の民」が力を合わせて築いていくことが何よりも大切であることを、よく知っていました。この民話には、「森」と「野」の民衆の流域地域圏《エリア》への並々ならぬ思いがこめられていることがうかがえます。

それに引き換え、私たち現代人は、いったいどうなったのでしょうか。先人たちの長年にわたる思いや願いを、いとも簡単に踏みにじってしまったのではないでしょうか。日本列島の各地に息づいていた森と海(湖)を結ぶ流域循環は、戦後の高度経済成長を経てズタズタに分断されました。

上流の山あいの集落では、若者が山を下り、過疎・高齢化が急速にすすみ、空き農家が目立つようになりました。「限界集落」と化し、ついには廃村にまで追い込まれる集落が随所に現れています。平野部の農村も、また然りです。やはり農業だけでは暮らしていけなくなり、今や農家の圧倒的多数が兼業農家です。しかも、近郊都市部の衰退によって兼業すべき勤め先すら危うくなり、後継者の大都市への流出に悩んでいます。平野部の中核都市もまた深刻な問題をかかえています。巨大量販店が郊外に現れ、従来の商店街や街並みは衰退し、空洞化現象がますます進行しています。

本書で取り上げる彦根市、多賀《たが》町・甲良《こうら》町・豊郷《とよさと》町の一市三町からなる流域地域圏《エリア》でも、彦根市街近郊の平野部や山間部の人びとは農業や林業をあきらめ、現代賃金労働者《サラリーマン》となって都市生活を送るようになりました。その結果が、山間部や農村部での過疎化と高齢化の進行です。かつては農山村の人びととの交流で賑わいを見せていた彦根市も、旧市街地の衰退は著しいものがあります。商店街の家族経営の小さな店はシャッターをおろし、閑散とした光景です。

私たちは、高度経済成長を謳歌し、目先のうわべだけの豊かさを追い求めているうちに、先人たちが少なくとも数百年の歴史のなかで築き上げてきた森と琵琶湖を結ぶ流域循環型の地域圏《エリア》を、あっという間に土台から切り崩してしまいました。こうした農山村や都市部を含めて、流域地域圏《エリア》全域における衰退の根源は何かを今、真剣に考えなければなりません。おそらく、もう小手先ではどうにもならないところにまで来ているのではないでしょうか。

私たちは今、民話『幸助とお花』にこめられた、〝森と湖を結ぶ流域地域圏《エリア》〟への先人たちの深い思いをあらためてしっかりと受けとめ、それを今日の地域再生の思想の中軸に据えなければならないことに、気づくのです。

大地を失い、衰退する家族●「競争」の果てに

一九八九年、ベルリンの壁の崩壊。東西対立の終焉によって、世界戦争の危機は回避されたと誰もが思ったことでしょう。

しかし、現実には、各地で地域紛争が頻発し、「テロ」も急増しています。日本国内においても治安の悪化は著しく、これまで考えられなかった深刻な犯罪が低年齢層にまで広がるようになりました。その遠因の背景には、東西対立の終焉による世界市場の一体化のなかで、市場競争がかえって熾烈を極め、それにともなって、人間精神の荒廃が世界規模ですすんでいることがあげられます。

ソ連崩壊後、一九九〇年代の一〇年間は、人びとはみな資本主義が勝利したと錯覚し、あまりにも無批判的に、流行語のように、グローバリゼーションとかグローバルスタンダードとかいう用語を使ってきました。現在も、そうした用語が疑問もなく、自明の善として使われています。そして、市場競争至上主義のアメリカ型「拡大経済」は、地域や社会の基盤である家族にまで浸透しました。家族は今、この世界規模で展開される市場競争の荒波に翻弄されているのです。

家族は本来、〝いのち〟と〝もの〟を再生産するための人類にとってかけがえのない〝場〟でした。そこでは、ものの生産と消費にとどまらず、いのちを育む〝場〟として、少なくとも三世代の人びとが力を合わせ、家族愛に支えられながら、大地に直接働きかけ、自らの〝いのち〟をつ

ないできたのです。家族は、長い歴史をかけてつくりあげられてきた人類の大切な遺産でもあったのです。人類史上、人間が未発達で、能力も全面的に開花していない段階にあっては、人間の諸能力を引き出す優れた〝学校〟の役割を果たしてきました。

家族にはもともと、人間の発達を促すための、ほとんどすべての要素や機能が含まれています。炊事や育児・教育・医療・介護・こまごまとした家事労働など、暮らしのあらゆる知恵、農業生産の総合的な技術体系、手工芸・手工業や文化・芸術の萌芽的形態、それに、娯楽・スポーツ・福利厚生の芽、相互扶助の諸形態、共同労働の知恵。これらがすべて未分化のまま、ぎっしり詰まっています。これは、他に類例を見ない優れた人間の最小単位の組織であり、小さな血縁的共同体です。

大地に根ざして生きてきた家族においては、大地と人間の間をめぐる物質代謝の循環に適合した、ゆったりとした時間の流れのなかで、自然との〝共生〟を基調とする価値観と、それにもとづく人生観や世界観が育まれます。人びとは、これにふさわしい生き方を築きあげてきました。

一方、一八世紀イギリスに始まる産業革命以来、人類は生産性の向上と効率性を求めて、一貫して分業化を押しすすめていきます。その結果、家族にもともと内包されていたさまざまな機能の萌芽は、発達し、専門化するにつれて、やがて家族の外へと追い出され、大部分が社会化され、制度化されてしまいました。そのため、もともとあったきめ細やかで多様な機能は、ついにはほとんど何も残らなくなってしまったのです。

こうした近代化の一般的趨勢に加えて、とくに東西冷戦体制の崩壊後は市場競争が熾烈をきわめ、その波は世界の隅々にまで押し寄せてきました。市場競争至上主義の名のもとに、生産性の向上、経済効率のみが最優先され、分業化はさらに押しすすめられ、家族の基盤は根こそぎ揺らぎはじめたのです。ここに、今日の社会的危機の深刻さと重大性があります。

かつては、〝いのち〟の再生産の〝場〟と、〝もの〟の再生産の〝場〟が描く二つの円環は、家族という〝場〟においてほとんど重なり合っていました。ところが、産業革命以後、分業化の波はまず家族のなかから「農業」と「工業」を完全に分離し、さらには「工業」を家族の外へと追い出し、遠方へと遠ざけていきます。その結果、この二つの円環はいっそうかけ離れ、両者の重なる部分は小さくなり、ついにはほとんどなくなってしまったのです。

そして、今では家族の大半は大地から離れ、「農業」さえも捨てました。生きるために必要なものは、ほとんど全部、賃金でまかなわなければならなくなり、土地を離れ、職を求めて都市に集中していかざるをえません。通勤に要する時間は異常なまでに長くなり、核家族化はいっそう促進されました。これは、家族が丸ごと市場に組み込まれ、市場競争の波にもろに晒されるようになったことを意味しています。

かつては大地をめぐる自然との物質代謝・物質循環のリズムに合わせて、ゆったりとした時間の流れのなかで暮らしてきた人びとは、突然この循環を断ち切られ、賃金よりほかに生きる術、生きる基盤を失いました。大地から遊離し、絶えず不安のなかに暮らさなければならない状況に陥ってしまったのです。大地を失った者にとって、自分の子どもに継承するものは何もありません。子どもの将来を考えるとき、教育への投資だけが頼りにならざるをえません。その結果、教育が異常なまでに過熱していきました。

教育は本来の姿を失い、極端に歪められていきます。学歴社会の構造は、幼稚園から大学に至るまで細部にわたって系列化され、制度化されました。できあがったこのヒエラルキーの体系に乗らないかぎり、生きる道はないかのごとく思い込まされ、ここでも競争は激化していきます。母親や子どもの視野は狭く閉ざされ、ただでさえ狭い世界のなかで反目が助長されます。

こうした状況のもとでは、子どもたちは、仲良く助け合い、分かち合い、ともに生きる大切さを学ぶことなどできません。巨大なピラミッドの頂点に立つ、一握りのごく少数の子どもたちのみが勝ち残ります。激烈で無意味な競争に敗れた大多数の犠牲者たちは自己を見失い、人間不信と無気力に陥るほかありません。その結果、子どもたちの世界にどのような状況をもたらしてきたかは、最近の一連の事件を見るだけでも、ご理解いただけるでしょう。

子どもたちから自然を奪ってきた要因は、二つあると考えられます。一つは、都市化によって自然そのものが失われてきたことです。とくに、大都市では深刻な状況に陥っています。もう一つは、市場競争至上主義のもとで教育そのものが歪められ、子どもたちが自然にふれる時間的余裕すら与えられていないことです。

そして、家族が食べる作物をつくったり、幼い弟や妹たちの面倒をみたり、病床に伏した祖父母の枕元にお茶を運んだりと、子どもなりに成長段階に応じて家族内で担ってきた役割も失いました。この状況は、地方の農村でも変わりません。都会でも田舎でも自然と家族を奪われた子どもたちは、部屋に閉じこもってコンピュータゲームに熱中するか、学習塾に通うほかありません。

一方、高齢化がすすむなかで、お年寄りたちの多くは従来、家族や地域のなかにあった自己の役割や仕事を失い、生きがいもなく、途方にくれています。あるいは、病気や老衰に悩み、介護の手立てがないまま、将来への不安をつのらせていきます。

かつては家族や地域のなかに、子どもの教育と老人の生きがいや介護を保障する機能が備わっていたのですが、今ではすっかり失われてしまいました。しかも、家族が生きるために必要なものを自給する能力も失われ、賃金にほとんどすべてを依存しなければならなくなったために、事態はいっそう深刻です。

今や公的な社会保障が削減され、負担だけが増大しています。現代賃金労働者《サラリーマン》家族にとって、子どもの教育や老人介護に必要な経費は、膨れ上がるばかりです。夫は浅薄な成果主義のもと、リストラや配置転換の強迫観念に絶えずおびえながら、仕事に追われています。深夜帰宅するころには、子どもや家族は寝ていて、心やすらぐふれあいの余裕などありません。夫の収入を補うために、妻の多くは劣悪な条件のパートタイマーに駆り出されます。

夫には異常なまでに長時間の残業が課せられ、妻はパートへ、子どもは塾へ。こうした現代都市生活の典型的なパターンができあがってしまったのです。家族全員がそろって過ごす時間はますます少なくなり、家族はバラバラの行動を余儀なくされ、空洞化していきます。個々の家族がこうした状況にあるかぎり、地域にかかわるのは煩わしくなり、コミュニティは衰退していきます。家族や地域が本来もっていた優れた面や機能は失われ、子どもたちの成長は阻害され、さらにまた新たな教育問題、社会問題を引き起こすという悪循環が、社会全体を底知れぬ泥沼のなかへと沈めていくのです。

家族と地域の再生の基本原理●生産手段との再結合

家族の形態にはさまざまな変遷が見られるものの、人間は人類の始原から、その歴史の大部分を家族とともにからだを存分に動かし、大地に働きかけて、生きてきました。

世界は今、「グローバリゼーション」の名のもとに、過疎・高齢化に沈む農山漁村も、高層ビルの林立する巨大都市も、「世界市場」という一つの土俵に投げ込まれ、「生き残り」をかけた容赦のない戦いを強いられています。大地から引き離され、根なし草同然になった人びとは、この経済効率最優先の終わりなき競争に追いたてられ、正規・非正規を問わず過密労働にいのちを削り、解雇の不安に心を病んでいきます。そして、子どもたちは「自然」と「家族」と「地域」という人間発達の大切な基盤を失い、本来、個性的であるはずの小さないのちまでもが、おとなのつくり出した不条理の世界にもがき苦しみ、悲痛な思いをこらえ、ついには逝くのです。

私たちは、もう一度ふるさとの大地に根ざした、いのち輝く農的暮らしを取り戻し、人間を育む家族と地域を甦らせ、素朴な精神世界への回帰を果たせないものなのでしょうか。

人間社会の基礎単位組織は、家族です。近代資本主義は、この家族が農地や生産用具（鍬や鋤などの農具・役畜・機《はた》など）という生産手段を手放さざるをえない状況に追い込み、賃金でしか生活ができない根なし草同然の存在につくり変えたのです。それでも、明治・大正そして昭和のある時期までは、まだそれは徹底されたものではなく、一九五〇年代なかばまでは、農業と工業のバランスは保たれていました。人間の存在形態を、そしてライフスタイルを根底から変え、ついには人口の圧倒的多数を大地から根こそぎにしてしまったのは、戦後まもなく始まるアメリカ型「拡大経済」の移植と、一九五〇年代なかばからの本格的な高度経済成長の進展であったのです。

この問題について、角度をかえて、もう少し考えてみましょう。

『菜園家族物語』（二三ページ参照）でもふれたように、家族は、人体という生物個体のいわば一つひとつの細胞にたとえられるものです。周知のように、一つの細胞は、細胞核と細胞質、そしてそれを包む細胞膜から成り立っています（図2―1）。遺伝子の存在の場であり、その細胞の生命活動全体を調整する細胞核を「家族人間集団」とみなせば、この細胞核は、細胞質、いわば自然や農地や生産用具に囲まれている、とたとえられます。すなわち、一個の細胞（＝家族）は、生きるに最低限必要な自然と生産手段（＝農地と生産用具）を自己の細胞膜のなかに内包しているのです。

したがって、家族から自然や生産手段を奪うことは、いわば細胞から細胞質を抜き取るようなものであり、その家族を、細胞核と細胞膜だけからなる「干からびた細胞」にしてしまうことな

図2—1　動物細胞の模式図

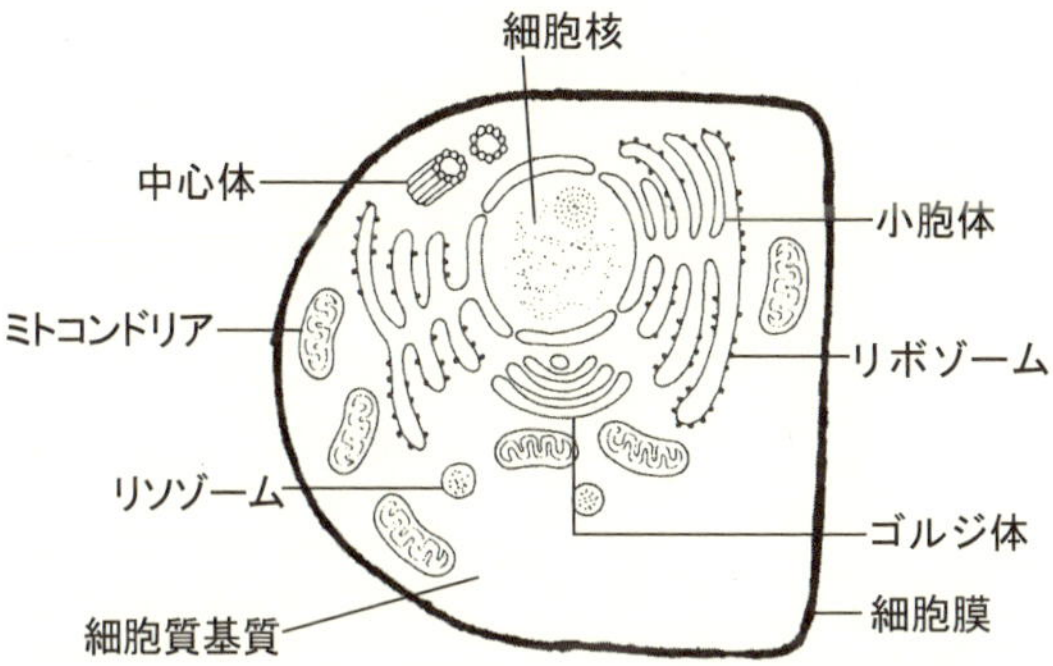

（注）核……細胞活動をコントロール。染色体のDNAは遺伝子の本体。細胞膜……必要な物質を選択的に透過。エネルギーを使った能動輸送。細胞質基質……代謝・エネルギー代謝の場。中心体……細胞分裂に関与。ミトコンドリア……好気呼吸とATP生産の場。リボゾーム……タンパク質合成の場。リソゾーム……消化酵素の存在。ゴルジ体……分泌に関与。小胞体……物質輸送の通路。

のです。生物個体としての人間のからだは、六〇兆もの細胞から成り立っているといわれています。これらの細胞のほとんどが干からびていくとき、人間のからだ全体がどうなるかは、説明するまでもなく明らかでしょう。地域社会も同じです。

　高度経済成長以降、犬上川・芹川流域地域圏《エリア》でも干からびた細胞同然の家族が増え続け、ついにはこの流域地域圏《エリア》全体が、こうした家族によって充満させられてしまいました。そこへもって、今や経済成長が停滞しました。賃金のみを頼りに生き延びていた干からびた細胞同然の家族は、刻一刻と息の根を止められようとしています。

　流域地域圏《エリア》全体を生物個体としての人体と見るならば、こうした干からびた細胞で充満した人体がおかしくなるのは当然です。私たちは、目先の対症療法のみに汲々としている今日の状況から一日も早く脱却して、干からびた細胞で充満した体質そのものを、根本から変えなければならない時期に来ています。細胞質を失い、細胞核と細胞膜だけになった今日の家族に細胞質を取り戻し、生き生きとしたみずみずしい細胞、すなわち「菜園家族」に甦らせることから始めなければなりません。

干からびた細胞が、都市のみならず地方にも無数に出現している状態。これが、まさに現代日本にあまねく見られる地域の実態であり、犬上川・芹川流域地域圏《エリア》の現実です。家族が自然から離れ、生産手段を失い、自らの労働力を売るより他に生きる術のない状態のなかで、職を求めて都市部へとさまよい出る。これでは、家族がますます衰弱していくのも、当然のなりゆきです。こうした無数の家族群の出現によって地域社会は疲弊し、経済・社会が機能不全に陥り、息も絶え絶えになっていく。これが今日の日本の、そして犬上川・芹川流域地域圏《エリア》を閉塞状況に陥れている根本的原因です。

「菜園家族」構想は、この根本原因を克服するために、生産手段を失い、根なし草同然になった現代賃金労働者《サラリーマン》に、生産手段（家族が生きるのに必要な最低限度の農地と生産用具と家屋）を取り戻し、その両者の再結合を果たすことによって、「菜園家族」を創出し、疲弊しきった家族を「自立したみずみずしい家族」に再生しようとしているのです。

同時に、こうした「菜園家族」が育成されるための不可欠の場として、〝森と海（湖）を結ぶ流域地域圏《エリア》〟を措定し、その再生をめざしています。つまり、「菜園家族」は流域地域圏《エリア》再生の担い手であるとともに、流域地域圏《エリア》は「菜園家族」を育むゆりかごでもあり、必要不可欠の条件になっているのです。したがって、「菜園家族」と流域地域圏《エリア》の両者は、不可分一体のものとして捉えられなければなりません。このことはきわめて大切なので、ここであらためて強調しておきたいと思います。

2 「菜園家族」構想とＣＦＰ複合社会

週休五日制の三世代「菜園家族」構想

それでは、「菜園家族」とはいかなるものであるかを、具体的に見ていきたいと思います。

市場原理至上主義の社会にあって、市場競争の荒波に耐えて、家族がまともに生きていくには、まず、生きるために必要なものは大地から直接、できるだけ自分たちの手でつくることを基本に据えなければなりません。それによって、家計に占める現金支出の割合をできるだけ小さくおさえ、家計の賃金への依存度を最小限にして、家族が市場から受ける作用を可能なかぎり小さくするのです。いかにも素朴で、単純な方法のようですが、これ以外に、家族が市場競争に翻弄されることから逃れ、自由になる術はありません。

ここで提起する〝週休五日制による両親・子ども・祖父母三世代「菜園家族」〟の構想は、今日、危機的状況に陥っている家族の再生を基本目標にしています。二〇世紀の市場競争のなかで、みじめなまでに貶められた人間の尊厳を、二一世紀になんとか取り戻したい。「菜園家族」構想は、この目標実現のために、新しい社会の枠組みとして提起しているものです。

「菜園家族」構想では、人びとは、週のうち二日間だけ〝従来型の仕事〟、つまり民間の企業や国または地方の公的機関の職場に勤務します。そして、残りの五日間は暮らしの大切な基盤である「菜園」での栽培や手づくり加工の仕事をして生活するか、商業や手工業、サービス部門など非農業部門の自営業（家族小経営）を営むのです。この五日間は、ゆとりのある育児、子どもの教育、風土に根ざした文化芸術活動、スポーツ・娯楽など、自由自在に人間らしい人間本来の創造的活動にも携わります。

家族はもともと、衣食住の手づくりの場であり、教育・文化芸術・手工芸のアトリエであったし、将来においてもそうあるべきものです。今日では、農業はなかなか苦労の多い、工業に比べると収益性の低い、割に合わない仕事かもしれません。現代の工業社会にあって、無条件に自由競争のもとで農業に従事する場合には、大規模専業農家ですら市場競争に悩まされ、経営が成り立たないのが普通です。

したがって、「菜園家族」が社会的に成立するためには、どうしても一定の条件が必要になってきます。それが、「週休五日制」のワークシェアリングです。週五日は「菜園」で仕事をし、あとの二日間は従来型の仕事が保障されて、そこからの給与所得が安定的に得られることが、絶対に必要な条件になります。そして、「菜園」から採れる農作物は、売ることが目的ではありません。もっぱら自分の家族の消費にあてます。作物を大量に生産し、それを大量に売って現金収入を得なければ生活が成り立たない、という状態は避けなければなりません。

つまり、週に二日間は、社会的にも法律的にも保障された従来型の仕事から、それに見合った応分の給与を安定的に確保し、そのうえで、週五日の「菜園」での仕事の成果と合わせて、生活が成り立つようにするのです。こうした条件のもとでは、田畑の面積は二〜三反（二〇〜三〇アール）もあればすみます。現金収入を得るために農地面積を拡大したり、市場に作物を商品として無理して大量に出荷したりする必要はありません。したがって、市場競争に巻き込まれることもなくなるのです。

こうしてはじめて、「菜園家族」は、都市から帰農して自給自足を試みる、特殊な家族の特殊なケースとしてではなく、社会的にも一般的な存在として成立することになるでしょう。その結果、「趣味の家庭菜園」を楽しむかのように、農に携わることができるようになります。精神的にも余裕をもって作物の成長を見守り、動植物の世話や手工芸などの文化活動にもいそしみながら、ゆったりとした、ゆとりのある暮らしが保障されることになるのです。

すべてを市場原理にゆだねず、また今日の科学技術の成果を利潤追求のためにではなく、本当に人間のために、そして「菜園家族」の形成のために振り向けることができるならば、おそらく週に二日間の勤務でも、従来型の仕事は十分にこなせるでしょう。もし、それが不可能であるというならば、科学技術の目的を、それが可能になるように設定し直せばよいのです。

また、都市への集中を避けるために、「菜園家族」が農山漁村に住居を構え、都市の職場から遠距離に暮らしの拠点を置いたとします。その場合も、今日の情報技術の水準や道路網整備の状況を考えると、従来型の仕事は十分にこなせるはずです。私たちが想像する以上に、仕事のさまざまな方法や勤務形態が編み出されていくにちがいありません。

なお、この「菜園家族」構想における家族構成は、祖父母・夫婦・子どもたちの三世代であると象徴的に表現していますが、現実には、三世代同居に加えて、三世代近居という居住形態も現れてくるでしょう。そして、この二つの形態がおそらくは主流になりながらも、個々人の多様な個性の存在、あるいは本人の個人的意志を越えて歴史的・社会的・経済的・身体的・健康上の要因などによってつくり出されてきた人間や家族のさまざまな個性も、尊重されるべきです。それを前提にするならば、多様な組み合わせによる家族構成が現れたり、あるいは血縁とは無関係に、個人の自由な意志にもとづいて結ばれるさまざまな形態の「擬似家族」も想定されることを、付け加えておきたいと思います。

さて、ここで少し角度を変えて考えてみましょう。地球上では今、世界人口約六六億人のうち、十二億人は富める国に、五四億人は貧困にあえぐ国に暮らしているといわれています。私たち日本人は、この世界人口五分の一の富める国の暮らしにすっかり身を浸し、そこからだけの発想によって物事を考えてきました。農業を切り捨て、工業を法外に発展させて、工業製品を世界に売りつけ、残りの五分の四の人口の犠牲のうえに、自己の繁栄を追い求めてきたのです。

迫り来る地球資源や地球環境の限界を考えても、こうした構図は将来において成り立つはずがありません。私たち「先進工業国」は、あらゆる面から考えて、縮小再生産の方向を模索するほかないのです。そう考えると、週休五日制のワークシェアリングの導入によって、仮に工業生産が縮小傾向をたどるとしても、それはそれで世界全体から見れば、とても好ましい方向に向かうことを意味しています。

また、別の角度から考えると、従来型の仕事を一人あたり週二日間に短縮することは、単純に計算して、雇用者数が従来の二・五倍に拡大することを意味しています。一人あたりの労働の日数を短縮して、多くの人びとに雇用の機会を平等に分かち合う。このワークシェアリングによって、ゆとりのある働き方や暮らし方が保障され、人間性豊かな地域や社会が形成される可能性が開けるとしたら、こんなに素晴らしいことはありません。

CFP複合社会の創出●人類史上はじめての挑戦

週休五日制による三世代「菜園家族」を基盤に構成される日本社会とは、いったいどのような類型の社会になるのか、その骨格だけでもふれたいと思います。

その社会は、たぶん今日のアメリカ型の資本主義社会でも、イギリス・ドイツ・フランスの資本主義社会でもない、あるいはかつての「ソ連型社会主義」や今日の「中国型社会主義」のいずれでもない、まったく新しいタイプが想定されるでしょう。「菜園家族」構想における社会の特質は、大きく三つのセクターから成り立つ複合社会であるということです。

第一は、きわめて理性的に規制され、調整された資本主義セクターです。第二は、週休五日制による〝三世代「菜園家族」〟を主体に、その他の自営業を含む、家族小経営セクターです。そして第三は、国や都道府県・市町村の行政官庁、教育・文化・医療・社会福祉などの国公立機関、その他の公共性の高い事業機関やＮＰＯや協同組合などからなる、公共的セクターです。第一をセクターＣ(Capitalism のＣ)、第二をセクターＦ(Family のＦ)、第三をセクターＰ(Public のＰ)とすると、この新しい複合社会をより正確に規定すれば、「菜園家族」を基調とする「ＣＦＰ複合社会」と言うことができます。

セクターＦの主要な構成要素である「菜園家族」にとっては、四季の変化に応じてめぐる生産と生活の循環がいのちです。したがって、「菜園家族」においては、その循環の持続が何よりも大切で、それにふさわしい農地や生産用具や生活用具を備える必要があります。また、それらの損耗部分は絶えず補填しなければなりません。主としてこうした用具や機器の製造と、その損耗部分の補充のための工業生産を、セクターＣが担います。

次に、セクターＣが担うもう一つの大切な役割は、おもに輸出用工業製品の生産です。ただし、これも生産量としては、きわめて限定されるでしょう。日本にはない資源や不足する資源が当然あります。これらは、外国からの輸入に頼らなければなりません。輸出用工業製品の生産は、基本的には、この国内にはない資源や不足する資源を輸入するために必要な資金の限度額内に、抑えられるべきでしょう。

今日の工業生産と比べれば、それははるかに縮小された水準になるにちがいありません。従来のように国内の農業を切り捨ててでも工業生産を拡大し、貿易を無節操に拡張しなければならない経済とは、まったく違ったものが想定されます。適切な調整貿易のもとで、できるかぎり農・工業製品の「地産地消」を追求していくのです。それによって、遠隔地からの物資の運搬による莫大なエネルギーの浪費と、運輸にたずさわる人びとの過酷な労働を前提とする今日の生産と流通のあり方からの脱却が可能になってきます。

一方、CFP複合社会では、「菜園家族」の構成員は週休五日制のもとで、従来型の仕事、つまりセクターCあるいはセクターPで週二日働くと同時に、セクターFの「菜園」またはその他自営業で五日間働きます。その結果、自給自足度の高い、生活基盤のきわめて安定した勤労者になるでしょう。ですから、セクターCあるいはセクターPの職場からの週二日分の賃金で、安定的に自己補完しつつ、ゆとりをもって生活できるように調整することは、可能なはずです。

このように考えてくると、とくに企業は、従来のように従業員およびその家族の生活を賃金のみで一〇〇%保障する必要はなくなります。企業は、きわめて自立度の高い人間を雇用することになるからです。もちろん、それは、今日横行している使い捨て自由の不安定雇用とは、まったく異なります。「菜園家族」構想にもとづく週休五日制のワークシェアリングでは、従業員は、労働者としての基本的権利を保障され、かつ、「菜園」という自己の自立基盤も同時に保障されることが前提だからです。したがって、労使の関係も対等で平等なものに変わり、そのうえ企業間の市場競争も今日よりもはるかに穏やかなものになるでしょう。

このようになれば、企業は今日のように必死になって外国に工業製品を輸出し、貿易摩擦を拡大し、国際間の競争を激化させ、結果として「途上国」に経済的な従属を強いるようなことにはならないはずです。むしろ人びとの知恵は国内に集中され、科学技術の成果は、「菜園家族」を基調とする「自然循環型共生社会」の形成に向けられ、本当に人間のために役立つものとして生かされていくにちがいありません。

ＣＦＰ複合社会の特質

ＣＦＰ複合社会の重要な特徴について、もう一度、ここで整理し、確認しておきましょう。

まず第一に、特定の個人が投入する週労働日数は、資本主義セクターＣまたは公共的セクターＰに二日間、そして家族小経営セクターＦに五日間と、それぞれ二対五の割合で振り分けられます。単純に計算すると、家族小経営セクターが複合社会全体に占める割合は七分の五となり、圧倒的に大きな割合を占めます。このこと自体が、資本主義セクターＣの市場原理の作動を、社会全体として大きく抑制することになるのです。

そして第二に、家族小経営セクターＦに所属する自給自足度の高い「菜園家族」またはその他の自営業の構成員は同時に、セクターＣの企業またはセクターＰの公共的職場で働く、賃金依存度のきわめて低い勤労者であるという、二重化された人格になっています。こうした二重化された人格の存在によって、市場原理の作動を自然に抑制する仕組みが、所与のものとして社会のなかに埋め込まれることになるのです。また、生活基盤もより安定し、精神的余裕も出てくるでしょう。

この二点が、ＣＦＰ複合社会の特質を規定する重要な鍵になっています。また、家族小経営セクターＦの社会に占める割合を七分の五、つまり週休五日制にするのか、あるいは七分の四、つまり週休四日制にするのか。どのような比率でこの仕組みを社会に埋め込むかによって、その市場原理への抑制力はかなり違ったものになります。したがって、現実にＣＦＰ複合社会を形成する過程においては、中間的移行措置として、当初はこの割合を七分の三とし、漸次、高めながら導入する方法も考えられるでしょう。

セクターＣまたはセクターＰの職業選択に際しては、従来よりもずっと自由に、自己の才能や能力、あるいはそれぞれの生活条件や志向にあった多様な選択ができるようになるでしょう。つまり、社会全体として、就業形態がきわめてフレキシブルで、自由なものになるのです。

とくに女性の場合は、今日では出産や育児や家事による過重な負担が強いられ、職業選択の幅が狭められています。出産・育児か職業かの二者択一が迫られ、その中間項がなかなかありません。週休五日制による「菜園家族」構想が定着すれば、女性も週二日だけ従来型の仕事に就けば残りの五日間は「菜園」またはその他の自営業で家族とともに暮らすことが、社会的にも法制的にも公認され、保障されます。したがって、こうした問題は解消され、夫婦が協力し合って家事・育児にあたることが可能になり、男女平等は、空言ではなく現実のものになるでしょう。

このようにして、「菜園家族」構想によるCFP複合社会では、女性の「社会参加」と男性の「家庭参加」「地域参加」の条件が、いっそう整っていきます。結果的に、男も女も人間らしくなり、多くの人びとに、多種多様で自由な人間活動の場が保障されることになるのです。

なお、就業に関する法律の整備や、それに見合った新しい社会保障制度の確立なども含め、細部の問題は当然ながら今後の研究課題になります。そのとき注意したいのは、新しく生まれる社会保障制度は、家族が本来もっていた育児や教育や医療・介護などの機能をほとんど失ったために、それをサービスとしてお金で買うようになってしまった現代賃金労働者《サラリーマン》家族を前提にした今日の社会保障のあり方とは、まったく違ったものになるという点です。したがって、社会的負担は現状とは比較にならないほど小さくなり、恒常的に莫大な赤字を累積していく今日の国や地方自治体の歪んだ財政体質は、根本から変えられていくでしょう。

従来型の仕事が週二日になり、「菜園」またはその他の自営業の仕事が週五日になって、今日の科学技術、なかでも情報技術の成果が本当に人間の暮らしのために向けられるならば、人びとが仕事の場を求めて大都市に集中する現象は、極端に減少するはずです。そうなれば、通勤ラッシュや工場・オフィスの大都市への集中は、自然に解消されていきます。

その結果、大都市における自動車の交通量は激減して、交通渋滞はなくなり、静かな都市が取り戻されます。仕事の場というよりも、文化・芸術・学問・娯楽・スポーツなどの文化的欲求によって人びとが集う交流の広場として、精神性豊かな、ゆとりのある文化都市に、しだいに変貌していくにちがいありません。また、自動車による道路交通のあり方が変わり、年間交通事故死傷者一一〇万人を超える異常な事態も、根本から改善されるでしょう。さらに言うならば、人口の大都市集中の解消は、今後三〇年間にマグニチュード七クラスの地震が発生する確率が七〇％といわれている首都圏をはじめ、その他の大都市圏にとって、避けては通れない課題です。

さて、セクターFの「菜園」またはその他の自営業で週五日働いて暮らす人びとの多くは、自給自足にふさわしい面積の畑や田んぼからなる「菜園」を安定的に保有することになります。有効に利用できずに放置された広大な山林をはじめ、農地、工業用地、宅地などを含め、国土の自然生態系は総合的に見直されなければなりません。そして、「菜園家族」の育成という目標に沿った国土構想が練られ、最終的には、土地利用に関する法律が抜本的に整備されるでしょう。

「菜園家族」のゆとりある敷地内には、家族の構成や個性に見合った、そして世代から世代へと住み継いでいける、耐久性のある住家屋（農作業場や手工芸の工房やアトリエなどとの複合体）が配置されます。もちろん、建材に使用するのは日本の風土にあった国産の木材です。「菜園家族」にとって、週に五日間はこの「菜園」が基本的生活ゾーンになり、セクターCまたはセクターPでの〝従来型〟の職場は副次的な位置に代わっていきます。

従来、科学技術の発展の成果は企業間の激しい市場競争のために、つまり商品のコストダウンのために、もっぱら振り向けられてきました。そして、「国際競争に生き残る」という口実のもとに、労働合理化やリストラが公然とまかり通り、不安定労働が増大し、人びとはかえって忙しい労働と苦しい生活を強いられることになったのです。

しかし、「菜園家族」を基調とするCFP複合社会にあっては、市場競争ははるかに緩和され、科学技術の成果は、もっぱら「菜園家族」とその他の自営業を支える広範で細やかなインフラに振り向けられます。それはまた、押し寄せる国際競争の波の侵蝕に対して、抗体ともなるべき、内需基調の循環型地域経済システムの構築を促すことにもなるのです。こうして、人びとは、やがて過密・過重な労働から解放されます。その結果、自給自足度の高い「菜園家族」とその他の自営業者は、時間的にもゆとりを得て、自由で創造的な文化的活動に情熱を振り向けていくでしょう。

二一世紀の新しい地域協同組織「なりわいとも」

このような「菜園家族」は、決して単独では生きていくことができません。また、第1節でも述べたように、「菜園家族」が育成されるためには、そのゆりかごとしての場、すなわち〝森と海(湖)を結ぶ流域地域圏《エリア》〟の再生が必要不可欠です。そこで、「菜園家族」を基礎単位に形成される協同組織の特質について、流域地域圏《エリア》との関連で見ていきましょう。

「菜園家族」構想の基本は、ＣＦＰ複合社会の形成であり、その発展・円熟にあります。そして、基礎的にもっとも大切なことは、〝森と海（湖）を結ぶ流域地域圏《エリア》〟の社会基盤に農的な家族である「菜園家族」を据え、これを拡充していくことです。したがって、「菜園家族」の農的ななりわいの性格上、流域地域圏《エリア》では当然の帰結として、〝森〟と〝水〟と〝野〟という三つの自然要素のリンケージを基礎に、新たな〝共同の世界〟が甦り、それが熟成する方向をたどります。その結果、近世の〝村〟の系譜を引く、今日の衰退した「集落」（＝大字《おおあざ》）は、新たな地域再生の基盤として生まれ変わっていきます。

そして、週に二日は賃金労働者《サラリーマン》であり、残りの五日は農民家族経営の主体である「菜園家族」が「労」「農」一体の二重化された性格をもつことから、家族同士が補い合い、助け合う地域の共同のあり方もまた、二重化された性格をもつはずです。それは、近世の〝村〟の共同性と、資本主義の横暴から自己を防衛する組織体として現れた近代の協同組合《コープラティブ・ソサエティ》の二つの性格を併せ持つ、「なりわいとも」という新しいタイプの地域協同組織として登場します。

この「なりわいとも」は、旧ソ連のコルホーズ（農業の大規模集団化経営）などに見られるような、農地など主要な生産手段の共同所有にもとづく、共同管理・共同経営体ではありません。あくまで自立した「菜園家族」が基礎単位になり、その家族が、生産や流通、そして日々の生活、すなわち「なりわい」（生業）のうえで、自発性にもとづき相互協力する「とも」（仲間）を想定するものです。

図2—2　森と海を結ぶ流域地域圏《エリア》の団粒構造

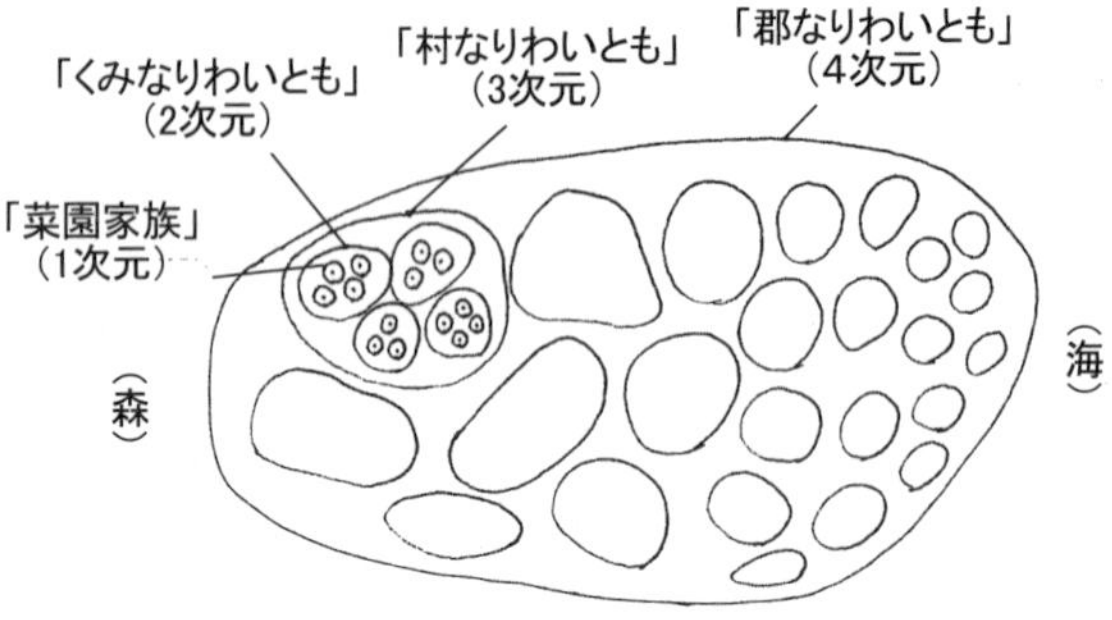

そして、この「なりわいとも」は、集落（〃村〃）レベルがおそらくは基本となるものの、それ単独で存在するのではなく、「くみなりわいとも」（隣保レベル）、「村なりわいとも」（集落レベル）、「町なりわいとも」（市町村レベル）、「郡なりわいとも」（郡レベル）、「くになりわいとも」（県レベル）といったように、多次元にわたる、土壌学でいうところの多重・重層的な団粒《だんりゅう》構造を形づくっていきます（図2—2）。各レベルの「なりわいとも」について、もう少し具体的に見ていきましょう。

「菜園家族」は、作物や家畜など生き物を相手に仕事をしています。一日でも家をあけるわけにはいきません。夫婦や子ども、祖父母の三世代全員で助け合い、補い合うのが前提です。けれども、それでも足りない場合、とくに週二日の出勤の日や病気のときなどは、隣近所の家族からの支援がなければ成り立ちません。やむなく夫婦ともに出勤したり、外出したりしなければならない留守の日には、近くの三家族ないしは五家族が交代制で、作物や家畜の世話をすることになるでしょう。これが、「くみなりわいとも」の果たす基本的な役割です。

週二日は従来型のサラリーマンとしての勤務に就く必要から、「くみなりわいとも」には、近世の農民家族間にはなかった「菜園家族」独自の、新たな形態の〝共同性〟の発展が期待されます。もちろん、お互いに農業を営んでいることから、〝森〟と〝水〟と〝野〟のリンケージを維持・管理するために、近世農民的な〝共同性〟が必要不可欠であることに変わりはありません。

　ですから、「くみなりわいとも」には、近世の〝共同性〟の基礎のうえに、「菜園家族」という労農一体的な性格から生まれる独特の近代的な〝共同性〟が加味されて、新たな〝共同性〟の発展が見られるはずです。「くみなりわいとも」は、このような〝共同性〟の発展を基礎にした三〜五の「菜園家族」から成る、新しいタイプの隣保共同体なのです。

　この隣保共同体で解決できない課題は、「くみなりわいとも」が数くみ集まってできる上位の共同体「村なりわいとも」で取り組まれます。「村なりわいとも」は、近世の〝村〟の系譜を引く集落としてのロケーションを基本的には引き継ぎ、その〝共同性〟の内実を幾分なりとも継承しつつ、「菜園家族」という労農一体的な独特の家族小経営をその基盤に据えていることから、近代的協同組合《コープラティブ・ソサエティ》の性格をも併せもつものになるでしょう。

　この集落がもつロケーションは、自然的・農的立地条件としても、人間が快適に暮らす居住空間の場としても、長い時代を経て選《え》りすぐられてきた、優れたものを備えています。こうした農村集落は、高度経済成長期を経て過疎・高齢化が急速に進行し、今や限界集落と化し、深刻な問題をかかえてはいますが、それでも何とか生き延びて、その姿をとどめています。「菜園家族」構想実現の初動段階では、こうした集落を基盤に「村なりわいとも」の再構築が始まります。

「村なりわいとも」の構成家族数は、一般に三〇～五〇家族、多くて一〇〇家族程度ですから、合議制にもとづく全構成員参加の運営が肝心です。自分たちの郷土を点検し、調査し、立案し、未来への夢を描く。そして、みんなでともに楽しみながら実践する。ときには集まって会食し、楽しみながら対話を重ねる。こうした繰り返しのなかから、ことは動き出すのです。

「村なりわいとも」の基盤となる集落が、〝森と海（湖）を結ぶ流域地域圏《エリア》〟の海岸線に近い平野部にあるか、平野部の周縁から山麓に至る農村地帯にあるか、あるいは奥山の山間地にあるか。それぞれの自然条件によって、「菜園家族」と「村なりわいとも」の活動のあり方は、だいぶ違ってきます。

「森の民」であり、「森のなりわいとも」であれば、放置され、荒廃しきった森林をどのように再生し、どのように「森の菜園家族」を確立していくのか。そして、過疎化と高齢化の極限状態におかれた集落をどのように甦らせるのか。「村なりわいとも」の直面する課題は実に大きいのです。また、平野部の農村に位置する場合は、農業後継者不足や耕作放棄などの迫り来る課題を克服する必要があります。それぞれ特色のある「菜園家族」と「村なりわいとも」を築き、取り組んでいくことになるでしょう。

それぞれの地形や自然に依拠し、土地土地の社会や歴史や文化を背景にして、〝森と海（湖）を結ぶ流域地域圏《エリア》〟内には、おそらく一〇〇程度の新しい「村なりわいとも」が誕生するでしょう。これら「村なりわいとも」は、個性豊かな森の幸や野の幸や川・海（湖）の幸を産み出します。「村なりわいとも」が流通の媒体となって、モノやヒトが〝森と海(湖)を結ぶ流域地域圏《エリア》〟内を循環し、それぞれの地域に不足するものを補完し合う。こうした交流によって、地域圏《エリア》としてのまとまりある一体感が芽生えてきます。

　このような物的・精神的土壌のうえに、〝森と海(湖)を結ぶ流域地域圏《エリア》〟の「なりわいとも」、つまり「郡なりわいとも」が形成されることになるのです。地方の事情によっては、今日の市町村の地理的範囲に、「郡なりわいとも」の下位に位置する「町なりわいとも」が形成される場合もあると思います。そして、下から積み上げられてきた住民・市民の力量によって、多重・重層的な地域団粒構造が築き上げられ、さらに県全域を範囲に、「郡なりわいとも」の連合体としての「くになりわいとも」が、必要に応じて形成されるでしょう。

　このように見てくると、来たるべき循環型共生社会としての〝近江国《おうみのくに》広域地域圏《エリア》(県)〟内には、「菜園家族」から「くになりわいとも」に至る、一次元から六次元までの多重・重層的な団粒構造が形成されます。そして、単独では自己を維持できないそれぞれの次元の組織体が、団粒構造のより上位の次元と、生産活動や日常の暮らしにおいて、必要に応じて自由自在に連携する。それによって、自己の弱点や力量不足を補完する優れたシステムが成立することになるのです。

　団粒構造とは、もともと土壌学において、隙間《すきま》が多く通気性に富んだ、作物栽培にもっとも適したふかふかの土を指すことばです(図2―3)。このような土は微生物が多く繁殖し、堆肥などの有機物もよく分解され、養分の面でも、単粒構造の砂地やゲル状の粘土質の土とは比較にならな

図 2—3　土壌の単粒構造と団粒構造

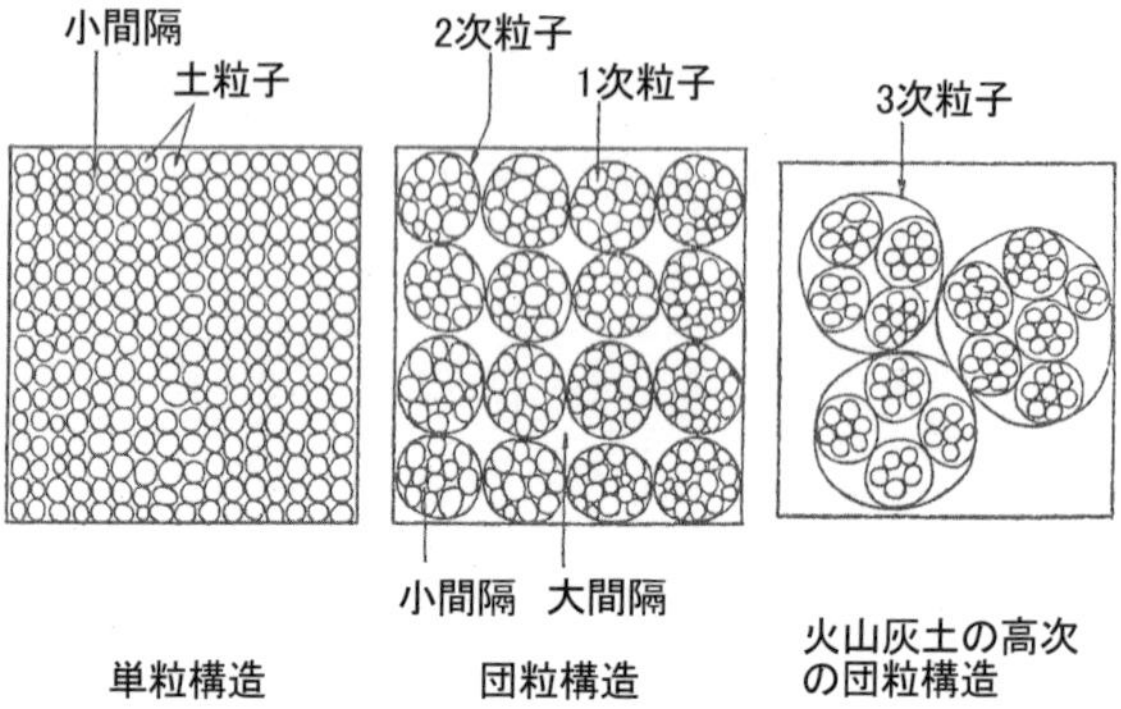

（出典）岩田進午『土のはなし』大月書店、1985 年。

いほど優れています。団粒構造の土壌は、土中の微生物からミミズに至るまで大小さまざまのあらゆる生き物にとって、実に快適ないのちの場となっています。あらゆるいのちあるものが相互に有機的に作用し合い、自己の個性にふさわしい生き方をすることによって、他者をも同時に助け、自己をも生かしている。そんな世界なのです。

一次元の「菜園家族」から六次元の「くになりわいとも」に至る各次元に位置する「団粒」が、個々に独自の特色ある個性的な活動を展開することによって、総体として〝森と海(湖)を結ぶ流域地域圏《エリア》〟や〝近江国《おおみのくに》広域地域圏《エリア》(県)〟は、ふかふかとした滋味豊かな団粒構造の土壌に、長い歳月をかけて熟成されていきます。地域の発展とは、上から「指揮・統制・支配」されてなされるものではなく、あくまでも底辺から、自然の摂理に適った仕組みのなかで保障されるのではないでしょうか。

3　自然の摂理と「菜園家族」

自然界を貫く「適応・調整」原理

「菜園家族」構想は、ある意味では、自然への回帰によって今日の市場競争至上主義の「拡大経済」を止揚し、自然の摂理に適った人間性豊かな社会の構築をめざすものである、と言ってもいいでしょう。ですから、「菜園家族」構想をより深く理解するために、ここではまず、次の二つについて根源的な次元に立ち返って考えることから始めたいと思います。一つは自然界を貫く普遍的な原理とはいったい何なのか、もう一つはその原理と私たち人間社会とはどのような関係にあるのかです。

四十数億年前に地球が誕生して以後、気も遠くなるような長い時間をかけて、地球が変化する過程で起きた緩慢な化学合成によって、生命をもつ原始生物は出現したと考えられています。それが、今からおよそ三八億年前、太古の海に現れた最初の生命です。それは、単細胞で、はっきりとした核のない原核細胞生物であったといわれています。

すべての生物の個体は細胞から成り立っていますが、生物が誕生するためには、まず前細胞段階のものが形成される必要があります。つまり、太古の海にできた有機物が生命体になるためには、なんらかの外界との境界ができ、細胞のように一定の内部環境が形づくられなければなりません。やがて、酵素や遺伝子（DNA）などを含む前細胞段階のものが生まれ、長い歳月をかけて変化をとげるうちに、成長や物質交代能力、分裂能力をもつようになり、原始生物へ進化したと考えられています。こうして誕生した最初の生命体である原核細胞生物の段階から、約三八億年という歳月をかけて、ついに大自然は人間という驚くべき傑作をつくりあげたのです。

それだけに、人間のからだの構造や機能の成り立ちを、細胞の核や細胞質の働きから、生物個体の組織や器官の一つひとつの果たす役割、そして、生物個体全体を有機的に統一する機能に至るまで垣間見るとき、それらの驚くべき合理的な機能メカニズムの仕組みに、ただただ圧倒され、驚嘆するほかありません。六〇兆ともいわれる無数の細胞から組み立てられた、この人間という生物個体の不思議に満ちた深遠な世界に引き込まれていくと同時に、それを数十億年という歳月をかけながら、ゆっくりと熟成させてきた自然の偉大な力に、感服するのです。

これに比べて、直立二足歩行し、石器を使用した最古の人類が現れたのは、たかだか二五〇万年前といわれています。やがて、遅かれ早かれ人類には、自然生的《ナチュラル》な共同体が最初の前提として現れます。それは、家族や種族や種族連合体としてです。この原始的で本源的な共同社会は、私的所有の発展によって、古代から中世、そして近代へとさまざまな形態に変形されていきます。

古代以降においては、社会の上層に一定の政治的権力が形成され、その「指揮・統制・支配」

の原理によって何らかの下部組織がつくりあげられ、ひとつのまとまりある社会が形成・維持されてきました。近代になると、民主主義の一定の発展によって国家機構は若干改良されたとはいえ、国家の本質が「指揮・統制・支配」であることに変わりはありません。

このように、人間社会は、構造上・機能上きわめて反自然的な、つまり人為的で権力的な「指揮・統制・支配」の原理によって、ひとつの社会的まとまりを保ち、それに見合ったさまざまなレベルの社会組織が形成され、運営されてきました。それに対して、人間という生物個体は生命の起源以来、大自然の恐るべき力によって、数十億年という長い歳月をかけて、自らの構造や機能を、きわめて自然生的で、しかも現代科学技術の最先端をいく水準よりも、はるかに精巧で高度な「適応・調整」原理にもとづく機能メカニズムに、完全なまでにつくりあげ

図2—4　自然界〜「適応・調整」の原理〜

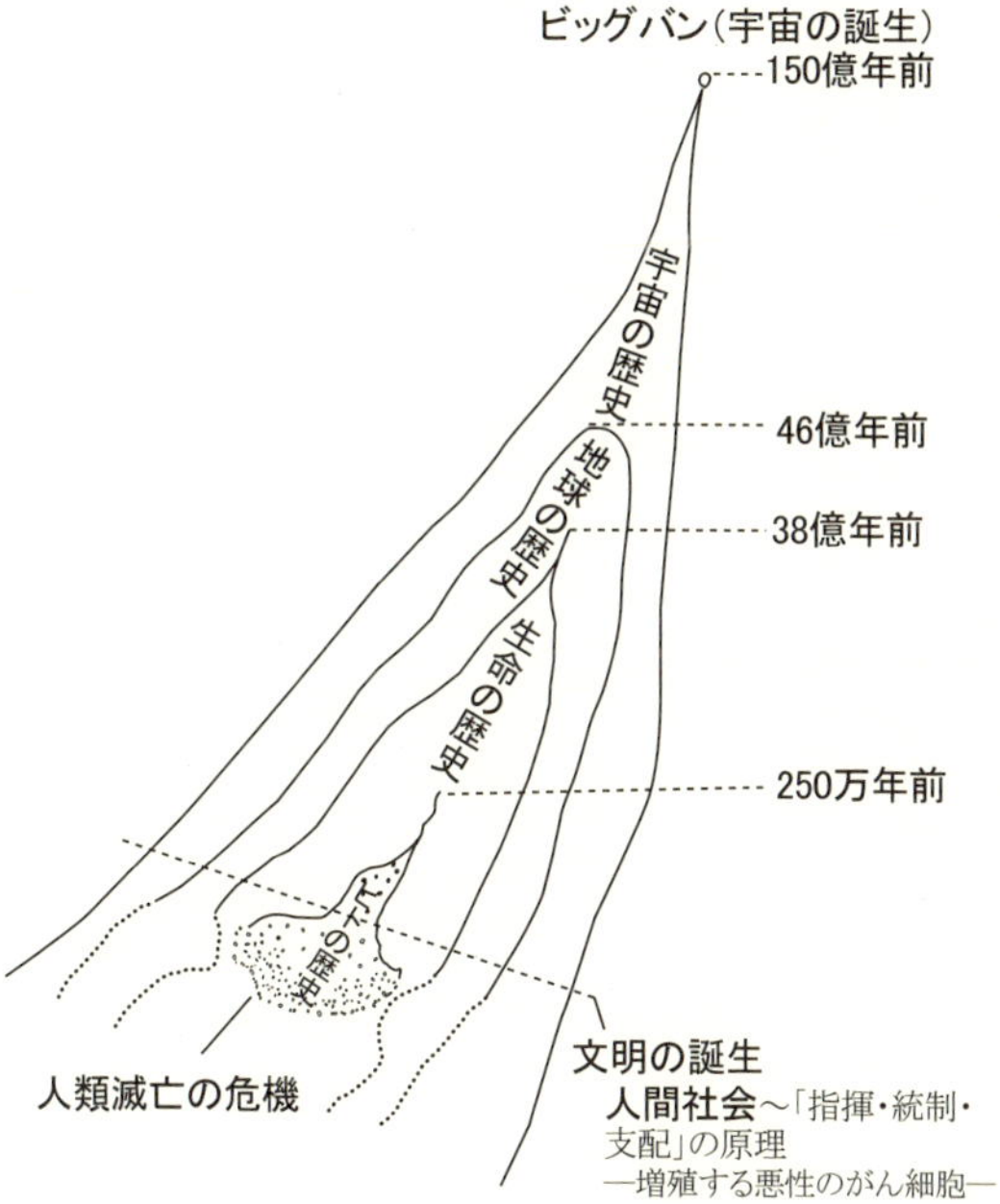

ていることがわかります。ここでは、権力的な「指揮・統制・支配」の原理は微塵も見られません。まさに自然生的な「適応・調整」原理によってのみ、生命活動が営まれているのです。

私たちは、偉大な大自然が数十億年という歳月を費やしてつくりあげてきた、自然界の最高傑作としか言いようのない、人間という生物個体の「適応・調整」原理にもとづく機能メカニズムを、人間社会に組み込む必要に迫られています。現代の人間社会は、きわめて人為的な権力による「指揮・統制・支配」の原理にもとづくメカニズムのなかに依然としてとどまり、いまだにそこから脱却できずにいます。人間という生物個体の自然生的な「適応・調整」原理にもとづく機能メカニズムに限りなく近づくことによって、この課題は解決されるはずです。

そのためには、何よりもまず、人間という生物個体の基礎単位である細胞の機能・構造上の原理を、現代資本主義社会の地域の基礎単位に甦らせる必要があります。それはとりもなおさず、「菜園家族」をCFP複合社会の基礎単位に組み込み、それを地域団粒構造にまで熟成させていくことなのです。これが、真に民主的な手続きによって成立する地方自治体および「民主的政府」の究極の目標であり、最大の課題です。そして、それは、この政府を支持するすべての人びとの暮らしのなかから出てくる、切実な願いでもあります。

さて、現代の自然科学の到達点を鑑みながら、さらに深く思索をめぐらしてみると、この「適応・調整」原理は、実は、宇宙における物質的世界と生命世界の生成・進化のあらゆる現象を貫く、もっとも普遍的な原理であるように思えてきます。細胞は、たくさんの異なった分子がともに働いている生命の統一体です。分子はたくさんの原子の集まりであり、原子は素粒子の集まりです。そして、分子も細胞も生物個体も、惑星も太陽系も銀河系も、この宇宙のすべての存在はきわめて極微のレベル、すなわち原子よりも小さい素粒子、さらには量子のレベルの〝場〟にあって、互いに強くつながっています。

最新の説では、この量子レベルのエネルギーの〝場〟は、エネルギーを運搬するだけでなく、情報も伝達しているといわれています。これは従来の宇宙観とは大きく違い、宇宙は記憶をもっているということです。一度生まれた情報は、その量子エネルギーの〝場〟に痕跡を残し、決して消え去りません。〝過去〟は宇宙の量子エネルギーの〝場〟に保存され、そこから情報を得て、新しい世界を絶えず構築していくということなのです。

自然法則の現れとしての生命

こうした自然科学の成果や新しい宇宙観に立ったとき、次のような仮説が措定されるでしょう。物質あるいは生命のすべての存在は、それぞれが、分子や原子や、さらに小さい素粒子の「極小の世界」から、生命世界のＤＮＡや核や細胞や生物個体など一連の生命系、さらには惑星や太陽系や銀河系など宇宙の「極大の世界」に至る遠大な系のなかの、いずれかのレベルの〝場〟に位置を占めている。そして、物質あるいは生命のすべての存在は、素粒子よりもさらに深遠な量子エネルギーのレベルで働く共通の広大無窮の〝場〟にあって、しかも、宇宙や自然界の多重・

重層的な〝場〟の構造のそれぞれのレベルの〝場〟において、外的環境の変化に対しては自己を適応させようとして調整し、自己を変革さえしようとする。

つまり、この宇宙の量子エネルギーの広大無窮の〝場〟にあって、物質あるいは生命のすべての存在には何らかの首尾一貫した統一的な〝力〟が絶えず働き、貫かれていると考えられるのです。自然の摂理ともいうべき、まさにこの統一的な〝力〟こそが、自然界の生成・進化のあらゆる現象の深奥にひそむ源であり、これが宇宙や自然界のあらゆる現象を全一的に律する、「適応・調整」の普遍的な原理なのです。

自然淘汰と突然変異が、生物界における進化と、生物における秩序の唯一の原動力であると長い間、信じられてきました。しかし、淘汰によって選ばれた生物の形態が、もともと自然界を貫くより深遠な法則、すなわち「適応・調整」原理によって生み出されたものであるならば、自然淘汰は形態を生み出す唯一の原動力ではなく、生物も、より深遠なこの自然法則の現れだということになります。したがって、われわれ人間も偶然の産物ではなく、生じるべくして生じたものだったということになります。

けれども、自然淘汰も「適応・調整」原理も、単独では十分な働きをしません。つまり、自然淘汰は、より深遠な自然法則である「適応・調整」原理の単なる下位の従属的な法則でしかなく、「適応・調整」原理によって生じた秩序に対して働きかけを行い、その秩序を念入りにつくりあげることになると考えられるのです。

さて、話を少し戻して、この自然界の「適応・調整」原理を土壌の世界にも敷衍《ふえん》して、若干、述べておきましょう。土壌学でいうところの団粒構造も実は、宇宙や極小の世界の〝場〟に似せて、多重・重層的につくりあげられたものなのではないか、とも考えられます。つまり、自然界の摂理ともいうべき「適応・調整」原理が、自然界のなかでの次元はかなり異なってはいるものの土壌の世界においても働き、具現されたものなのではないか、ということです。あるいは、むしろ団粒構造そのものが、土壌に限らず、分子や原子や素粒子などの極小の世界から惑星など宇宙の極大の世界に至るあらゆるレベルにおいて現れる、〝場〟の普遍的構造である、と言ってもいいのかもしれません。

ところで、仮説としてのこの「適応・調整」原理は、生物複雑系科学の第一人者である、アメリカのスチュアート・カウフマンが唱えている「自己組織化」の原理と、奇《く》しくも本質的な部分で重なるところが多いことに驚かされます。この分野では門外漢である者としては意を強くもし、その研究の今後の展開に期待しているところです。

アルバート・アインシュタインが、「われわれは、観測される諸事実のすべてを体系化できるもっとも単純な思考の枠組みを探しているのだ」と語っているように、人類は、科学の確立された世界観を求めてすすんできたし、これからもすすんでいくにちがいありません。ここで提起した自然界を貫く「適応・調整」の普遍的原理は、こうした今日の科学の進展のなかで、その仮説としての有効性がいっそう明らかにされていくのではないか、と期待しています。

自然界の原理に適った週休五日制のワークシェアリング

「菜園家族」構想を実現するためには、「菜園家族」形成のゆりかごである〝森と海(湖)を結ぶ流域地域圏《エリア》〟内に、週休五日制のワークシェアリングを確立することがきわめて大切な課題です。ここでは、それが今述べてきた自然界を貫く「適応・調整」原理に照らしてもいかに理に適ったものであるかを、確認しておきましょう。

先にも述べたように、この〝森と海(湖)を結ぶ流域地域圏《エリア》〟を生物個体としての人体にたとえるならば、「菜園家族」は、さしずめ人体の構造上・機能上の基礎単位である一つひとつの細胞にあたります。

週休五日制によるワークシェアリングのもとでは、流域地域圏《エリア》社会のそれぞれの「菜園家族」は、週に五日、自己の「菜園」で多品目少量生産を営み、週に二日は近隣の中小都市の職場に労働力を拠出。その見返りに賃金収入を受け取り、「菜園家族」自身を自己補完しつつ、安定的に暮らすわけです。

それは、あたかも、各細胞が細胞質内のミトコンドリアで生産されるATP(アデノシン三リン酸)といういわば「エネルギーの共通通貨」を人体の組織や器官に拠出し、代わりに血液に乗せて栄養分を受け取り、細胞自身を自己補完しつつ生きている、というメカニズムにたとえることができます。こう考えると、週休五日制のワークシェアリングは、単なる偶然の思いつきで提起されたものではなく、実は、自然界の摂理である「適応・調整」原理に則して必然的に導き出されるシステムであるように思えてきます。

ビッグバンによる宇宙の誕生から一五〇億年。無窮の宇宙に地球が生まれてから四六億年。太古の海に原初の生命が現れてから三八億年。自然界が気の遠くなるような歳月を経てつくりあげてきた、人間という生物個体。その機能メカニズムにも、自然界の摂理であるこの「適応・調整」原理が貫かれているのは、驚くべきことです。

そして、「菜園家族」構想が自然と人間社会の共生・融合をめざす以上、究極において、人間社会の原理が自然界の原理に回帰し、統一へと向かうように社会システムを構想するのは、至極当然です。したがって、人体における細胞の「ミトコンドリアの機能」と酷似する週休五日制のワークシェアリングが、「菜園家族」を基調とする来たるべき地域社会にとって、自然界の原理にかなったものとして、その成立の不可欠の必要条件になることも、あらためて納得できます。

しかしながら、自然界の「適応・調整」原理とは真っ向から対立する、市場競争至上主義の「拡大経済」のまっただ中にある今、週休五日制のワークシェアリングの制度が自然発生的に生まれてくるものでないことは、当然です。それは、地方自治体と住民と〝森と海(湖)を結ぶ流域地域圏《エリア》〟内企業の三者のたゆまぬ努力と、その成果としての協定の成立によってはじめて、安定した制度として確立し、流域地域圏《エリア》内に広く普及していくことになるのです。これについては、第4章であらためて取り上げたいと思います。

二一世紀〝高度自然社会〟への道

一八世紀の産業革命以来、大地から引き離され、「賃金労働者」となった人間の存在形態は、今ではすっかり人びとの常識となってしまいました。しかし、やがて二一世紀世界が行き詰まるなかで、これに代わって新しく芽生えてくるものに、その席を譲らざるをえなくなるでしょう。「菜園家族」は、こうした時代の転換の激動のなかから必然的に現れてくる、人間存在の新たなる普遍的形態なのです。

「菜園家族」構想を包括的にまとめた『菜園家族物語』は、この新しい家族形態の登場の必然性と、その人類史上での位置を明らかにすることから始めています。そのうえで、「菜園家族」に人間本来の豊かさと無限の可能性を見出し、人類究極の夢である大地への回帰と、自由・平等・友愛の〝高度自然社会〟への止揚の必然性とその展開過程を探っています。そして、この長い道のりとなる展開過程の前期段階に、「菜園家族」を基調とする〝CFP複合社会〟を明確に位置づけています。これによって、〝高度自然社会〟の実現の可能性と、今日における私たちの実践的課題を、より具体的・多面的に論じることができたように思っています。

こうした考察から二つのことが明らかになりました。一つは、一九世紀以来、資本主義超克の道として模索され、世界的規模で展開されてきた、生産手段の社会的規模での共同所有・共同管理にもとづく、従来型の「社会主義」の理論と実践が、その挫折が決定的になった今日の時点に至ってもなお、いまだその原因の根本的な省察がなされていないということです、もう一つは、それゆえに、それに代わる新たな未来社会論が提示されえずにいるということです。

私たち人類はこれから先、はたしてどのような道を歩んでいくべきなのでしょうか。このことが今、問われているのだと思います。『菜園家族物語』はこの大きな課題に正面から向き合い、二一世紀の新たなる未来社会論を模索しつつ、その基本をあらためて提示しました。

それが、「菜園家族」を基調とする〝CFP複合社会〟を経て〝高度自然社会〟へと至る道です。つまり、従来の「社会主義」の基本理念である生産手段の社会的規模での共同所有・共同管理（A型発展の道）ではなく、生産手段を失い、根なし草同然になった「現代賃金労働者《サラリーマン》」と、生産手段（自足限度の小農地、生産用具、家屋など）との再結合（B型発展の道）を果たすことによって、新たに生まれてくる家族小経営（「菜園家族」）を基軸に、未来社会を展望するのです。

『菜園家族物語』では、その生成発展の過程を、〝CFP複合社会〟の揺籃期（今日の模索の時代）、その本格形成期を経て、〝自然循環社会〟（FP複合社会）、さらには〝高度自然社会〟（FP複合社会）へと至る自然回帰の壮大な道のりとして、できるだけ具体的に論じました。

人類が究極において、大自然界のなかで生存し続けるためには、人間社会の生成発展を規定している「指揮・統制・支配」の原理を、自然界の摂理ともいうべき「適応・調整」（＝自己組織化）の普遍的原理へと戻していかなければなりません。それによってはじめて、大自然界の一隅にありながら、自然界の原理とは相対立する「指揮・統制・支配」の原理によって恐るべき勢いで増殖と転移を繰り返す、人間社会というい わば「悪性のがん細胞」の抑制が可能になります。人間社会は、自らを規定する「指揮・統制・支配」の原理を、自然界を貫く「適応・調整」というもともとの普遍的原理に戻すことによって、大自然という母体を蝕む存在ではなく、同一の普遍的原理によって一元的に成立する大自然界のなかへとけ込んでいくことができるのです。

人間は自然の一部であり、人間そのものが自然であるのです。本当の意味での持続可能な循環型共生社会の実現とは、まさに、人間社会の生成発展を律する原理レベルにおいて、この壮大な自然界への回帰をなしとげることにほかなりません。地球環境が危機的状況に直面している今こそ、人間存在を大自然界に包摂する新たなる世界認識の枠組みを構築し、その原理と思想を地球環境問題や未来社会構想の根っこに明確に据えなければなりません。そうしてはじめて、根本的な解決の方向を見出すことができるのではないでしょうか。

4 地球温暖化と「菜園家族」

早急に求められる地球温暖化への対応

無窮の宇宙の時空のなか、豊かないのちを育んできた、かけがえのない地球。

近年とみに、地球温暖化が起因とされる気候変動や異常気象が、世界各地で深刻な問題を引き起こしています。こうしたなかで一九九七年、国連気候変動枠組み条約第三回締約国会議（COP3）が京都で開催され、地球温暖化対策の初の国際協定として京都議定書が採択されました。CO_2など温室効果ガス削減の数値目標をはじめて設定した点で画期的ともいわれるこの京都議定書では、先進国全体で、二〇〇八〜一二年の平均で九〇年と比べて少なくとも五％の削減が義務づけられ、〇五年に発効と定められました。ところが、アメリカは京都議定書を批准せず、経済発展が著しい中国やインドなど新興国にも削減義務はありません。

京都議定書にもとづいて、EUなど先進諸国を中心に、第一約束期間（二〇〇八〜一二年）に向けて、CO_2など温室効果ガス削減の取り組みが始まりました。しかし、削減目標が達成されたとしても、温暖化の現状の解決にはほど遠いものです。

しかも、その目標の達成自体、容易ではありません。とくに日本は、一九九〇年レベルに比べ、減らすどころか二〇〇六年時点ですでに六・四％もCO_2排出量を増加させており、九〇年比で六％削減という割り当て目標をクリアするには、合計でほぼ十二・四％もの削減が求められます。また、世界最大のCO_2排出国アメリカが議定書から離脱していること、第二位の中国をはじめ、新興国や途上国の化石エネルギーの使用が今後、急増することを考えると、地球温暖化防止の将来は決して明るいとは言えません（図2―5）。

二〇〇七年十二月にインドネシアのバリ島で開催された第十三回締約国会議（COP13）では、京

図 2—5　世界の CO_2 排出量の国別内訳（2005 年）

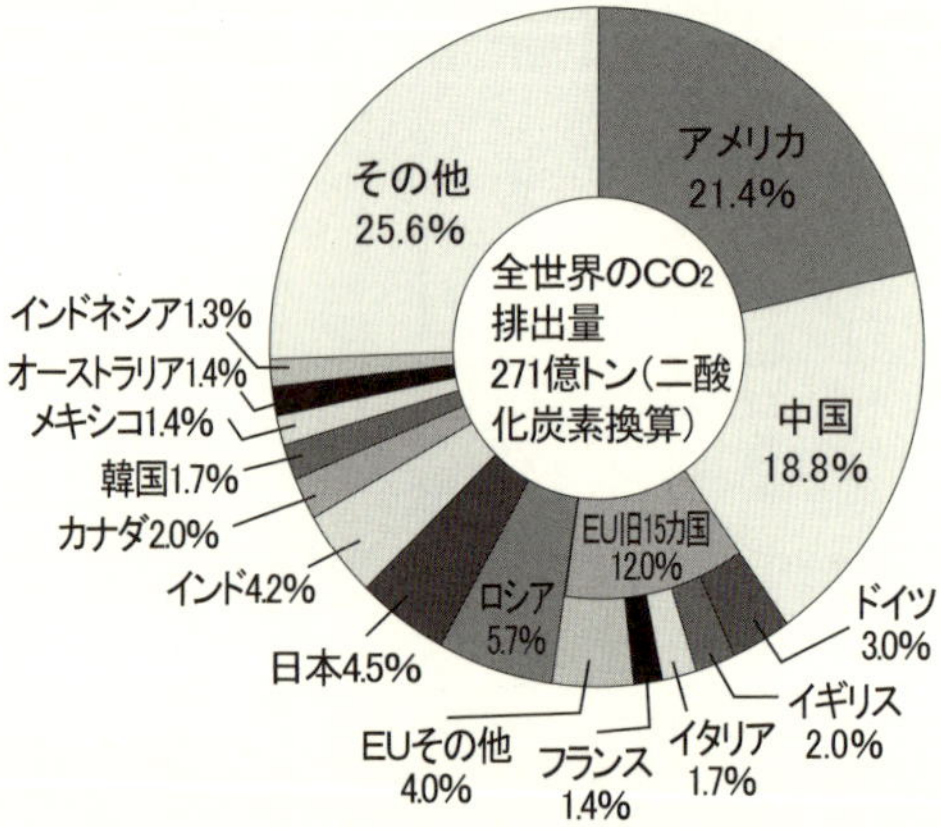

（注）EU 15 カ国は、COP 3（京都会議）開催時点での加盟国数である。
（出典）IEA「Co2 EMISSIONS FROM FUEL COMBUSTION」（2007 EDITION）をもとに環境省作成。

都議定書の削減義務を果たす第一約束期間終了後の枠組みについて協議。アメリカやそれに追従する日本など先進諸国の利害が絡み、激しい議論がたたかわされました。その結果、分科会議長から示されたのが、次期枠組みづくりに向けた行程表「バリ・ロードマップ」です。

その案には、「先進国が、二〇二〇年までに、温室効果ガスを一九九〇年比で二五～四〇％削減する」必要性を唱えた表現が残されました。この実現が今後の大きな課題になると見られますが、これに対しても、アメリカや日本が修正を求める動きを強めるだろうといわれています。このままでは、各国のエゴがぶつかり合うなかで有効な対策を打てずに、地球は破局的状態を迎える危険すらあります。

日本の取り組みの限界

近年、日本でもさまざまな報道を通じて、こうした国際的な議論の動向や地球温暖化の恐るべき実態が知られるようになりました。それにともなって、一般にも関心が高まり、ようやく活発な議論が散見されるようになっています。とくに二〇〇八年は、京都議定書第一約束期間の初年度に入ったためか、先進国のなかでアメリカと並んで取り組みがもっとも遅れている日本の政府、関係機関、企業なども、にわかに表立った動きを見せはじめているようです。ただし、こうした動きや議論には際だった三つの特徴があります。

①CO_2など温室効果ガス排出量削減の対策が、エネルギー効率を上げる「省エネ技術」や新エネルギー技術の開発など、科学技術上の問題にもっぱら集中している。

②温室効果ガス削減を促す経済誘導策として、EUなどですでに実施段階に入っている排出量取引制度(EUではキャップ・アンド・トレード型を採用)すら、日本では財界や経済産業省の反対にあって、まったく進んでいない。「世界の先例となる〝低炭素社会〟への転換を進め、国際社会を先導してまいります」(二〇〇八年一月一八日、福田康夫首相の施政方針演説)と言いながら、表向きの発言と実際の行動が違っていて国際的にも顰蹙《ひんしゅく》を買い、温暖化対策に真剣に取り組もうとする姿勢が見られない。

③工業化社会の大量生産・大量浪費・大量廃棄型のライフスタイルのあり方(図2―6)を根源から問い直し、市場競争至上主義のアメリカ型「拡大経済」自体の変革を通じて、エネルギー消費の総量を大幅に減らし、地球温暖化問題を解決していこうとする姿勢が、残念ながらあまりにも希薄である。

図2—6　二酸化炭素濃度と化石燃料からの排出量の増加

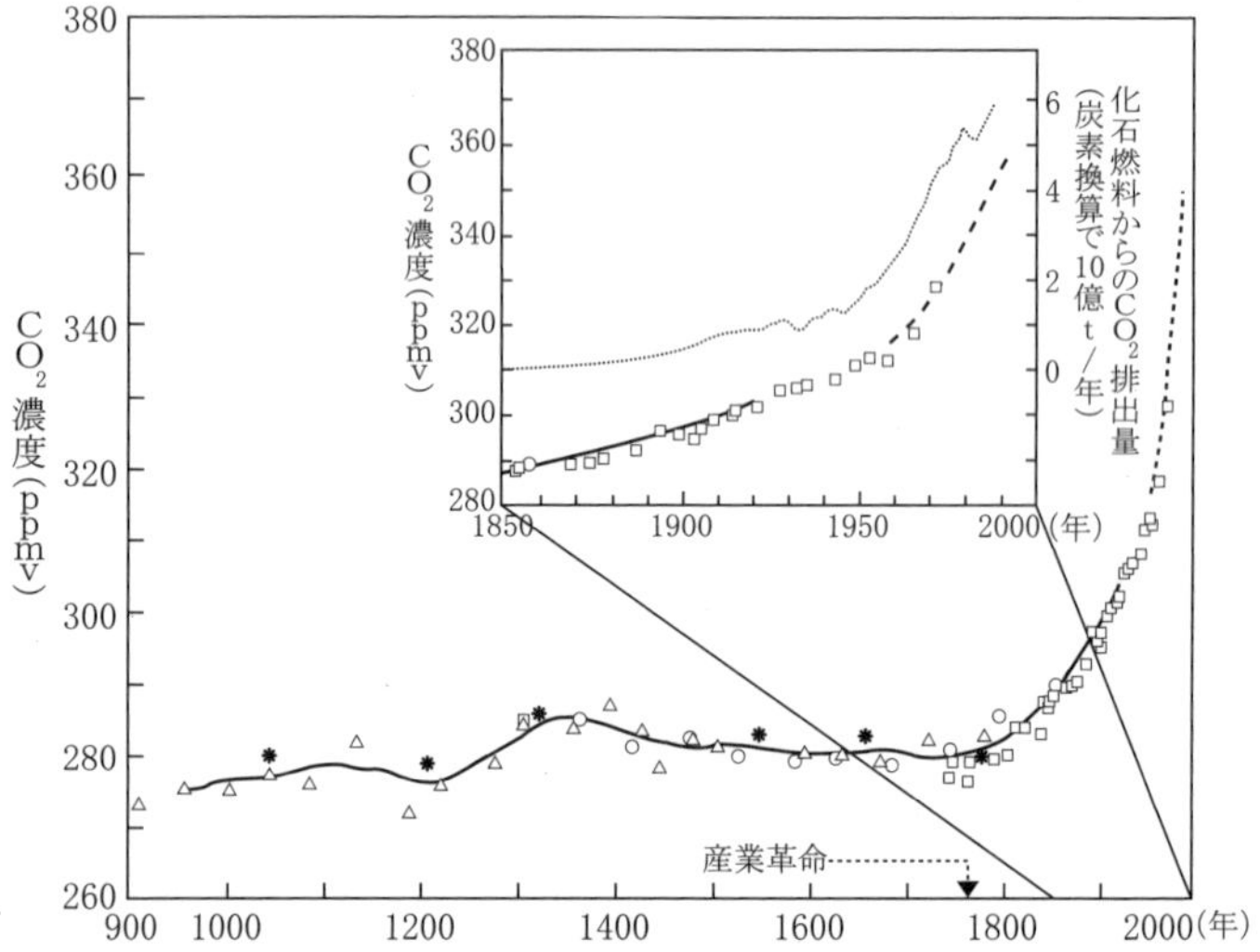

（注1）△D47、○D57、□サイプル基地、✱南極点、- - マウナロア、┈┈ 化石燃料からのCO_2排出量、―100年移動平均。

（注2）氷床コアの記録（D47、D57、サイプル基地、南極点）による過去1000年間のCO_2濃度と、ハワイのマウナロア観測所における1958年以降のCO_2濃度。氷床コアはすべて南極大陸で採取された。滑らかな曲線は100年移動平均。

（注3）産業革命が始まって以降の急速なCO_2濃度の上昇は明白であり、化石燃料からのCO_2排出量の増加にほぼ追随している（1850年以降の拡大図参照）。

（出典）気象庁編『地球温暖化の実態と見通し（IPCC第二次報告書）』（1996年）より作成。

とくに③の、アメリカ型「拡大経済」自体の変革という、いわばライフスタイルの基盤をなす社会経済的側面については、意識的に避けようとしているのではないかと思えてなりません。こうした傾向を生み出す最大の責任は、国の実権を掌握し、意のままにしている今日の為政者や経済界にあるといわなければならないでしょう。

もちろん、地球温暖化対策において、化石エネルギーから自然エネルギーへの転換が決定的に重要であることについて、異存はありません。また、温室効果ガス削減のための「省エネ技術」の開発や、経済誘導システムの導入の重要性を否定するものでもありません。さらに、日々の暮らしのなかで、無駄をなくし、節約に心がけている個々人の誠実な実践や、住民・市民が熱心に取り組んでいる省エネルギー推進や自然エネルギーの普及など、さまざまな草の根の活動が重要な役割を担っていることは、確かです。

しかしながら、市場競争至上主義のもと、世界マネーの流れが国境を越えて猛威を振るい、人間のいのちを支える基本産業である農業やモノづくりの根幹をなす工業などの実体経済をも歪め、蹂躙《じゅうりん》しています。私たちは同時に、人類史上いまだかつて経験したことのない、こうした恐るべき現実にも、もっと目を向ける必要があるのではないでしょうか。

もはや元凶の変革を避けては通れない

地域に密着した中小・零細企業は疲弊し、農山村では限界集落が続出し、耕作放棄地の増加や森林の荒廃を招いています。このような状況に至ってもなお、アメリカ型「拡大経済」のグローバル化と、その終わりなき熾烈な市場競争を放任したまま、私たち自身のライフスタイルを根本から変える手だてを考えようとしないとすれば、そうした地球温暖化対策の議論は、あまりにも一面的であると思えるのです。

アメリカ型「拡大経済」のもとで暮らす私たちは、企業の莫大な資金力によって築き上げられた情報・宣伝の巨大な網の目のなかで、欲望を商業主義的に絶えず煽られ、知らず知らずのうちに、浪費があたかも美徳であるかのように思い込まされてきました。欲望を煽られても買わなければいい、と言われるかもしれません。ある面では、そうでしょう。

しかし、消費者は同時に企業の労働者であり、企業が窮地に陥れば、企業の労働者である消費者も同じ運命に陥るという、悪因縁の連鎖にあることも事実です。「拡大経済」社会に暮らすほとんどすべての人びとは、この悪因縁の連鎖につながっています。しかも、消費も生産もともに絶え間なく拡大させ、その悪循環の連鎖を回転させ、円滑にしなければ不況に陥る、という宿命にあります。こうした社会にあっては、浪費は美徳という考え方が定着していかざるをえません。

同時に、現代の私たちは、あまりにも忙しい働き方と暮らしを強いられ、目的に至るプロセスの妙を楽しむ余裕など、切り捨てられてしまいました。効率向上ばかりを余儀なくされ、目先の便利さだけを求めざるをえないところに、絶えず追い込まれているのです。その結果、忙しい消費者のニーズに応えるかのように、多種多様な、しかも莫大な数量の出来合いの選択肢が街中に安値で氾濫し、人びとは、仕掛けられた目に見えない巨大で奇妙な仕組みのなかで、ただただ狼狽し、目移りしながら追われるように買い求めていくのです。

こうして、「便利さ」を提供してくれる自動車や、テレビ・パソコン・携帯電話などさまざまな家電製品を、新製品の発売ごとに短い周期で買い替えさせられたり、自然へ還元不可能なビニールやプラスチックなどのペットボトルや容器に詰め込まれた飲料水や食べ物を、コンビニエンスストアなどで買ったりせざるをえない状況に至りました。その結果、香川県の豊島《てしま》に代表される産業廃棄物の不法投棄や全国各地のダイオキシン汚染など健全な生命そのものをもおびやかす難問を抱え込み、気も遠くなるような巨大なごみの山を前にして、解決のめどすら立たず、茫然《ぼうぜん》としているのが、今日の私たちの姿です。

近年、リサイクルに関する数々の法律が制定されました。リサイクルとは一般に、ごみや不要品などの再利用のことです。資源の有効利用が大切なのは、言うまでもありません。しかし、私たちの暮らしのあり方を根本から変えないかぎり、ごみや廃家電製品や使い捨て容器のリサイクルという技術的な処方だけでは、二一世紀はどうにもならないところにまで来ていると言わざるをえません。

すでに巷《ちまた》では「エコ商品」とか「クールビズ」とか「エコタウン」とか「環境にやさしいプラグイン・ハイブリッド車」などといった、「エコ」づくしの言葉が氾濫しています。これを絶好のビジネスチャンスとばかりに、企業は商魂たくましく新商品の開発と宣伝に余念がありません。果てには、「エコ道路」なることばまでもが飛び出し、新たな高速道路建設のこじつけにする始末です。

しかし、現に私たちを苦しめているアメリカ型「拡大経済」という根源自体を変えようとせずに、自動車産業はじめ巨大企業が「省エネ技術」の開発やその処方箋を熱心に説いたとしても、遠からず「環境ビジネス」という名の新たな巨大産業が出現し、ついには二一世紀型の新種の市場競争至上主義「拡大経済」が姿を変えて世界を風靡することになるのは、目に見えています。「エコ商品」の開発、生産、販売の熾烈な市場競争が繰り広げられ、新たな「エコ商品」の生産が拡大し、国内のみならず、ついには世界市場へと展開していくのです。これでは、廃棄物や温室効果ガスを抑制するどころか、むしろ、増大させる結果に終わらざるをえないと思います。これほど大規模な「環境偽装」が、ほかにあるでしょうか。こうした危惧は、あながち的はずれとは言えないのではないでしょうか。

国際的にも今、科学的知見にもとづく真摯な地球温暖化対策の議論が深められ、ようやく実施への手がかりをつかみ、動き出そうとしています。こうしたときだからこそ、なおのこと私たちは環境問題の原点に立ち返って、アメリカ型「拡大経済」の変革というべきいわば社会経済的側面をあえて重視し、これまでの国際的な脱温暖化の議論とその理論的成果にそれをしっかりと組み込んで、より包括的で多面的な理論と実践に発展させていかなければならないのです。

現に猛威を振るい、世界経済を混乱に陥れ、民衆を苦しめ、家族を、地域を、そして国民経済を破滅の淵に追い込んでいるアメリカ型「拡大経済」に、いかにして歯止めをかけ、さらに、いかにして「自然循環型共生社会」に転換させていくか。人類に課せられたこの壮大な課題に今、取り組まなければ、今日の地球温暖化問題はどうにもならないところにまで来ています。

アメリカ型「拡大経済」は、もともと地球温暖化の最大の元凶であり、その本質をなすものです。したがって、この「拡大経済」の変革という社会経済的側面と、温室効果ガス削減のいわゆる広義の環境技術的側面とは、不可分一体のものとして考えていかなければなりません。この二つを分離しては、いずれの側面の解決も不十分に終わり、地球温暖化問題の解決は不成功に終わらざるをえないでしょう。

「菜園家族」の創出は地球温暖化を食い止める究極の鍵

地球温暖化問題を本当に解決するためには、今、手つかずになっている社会経済的側面、つまりアメリカ型「拡大経済」から自然循環型共生社会への転換を本気で考えなければならないときに来ていることが納得していただけたと思います。

ここに至って問われるのは、自然循環型共生社会への転換のてことはいったい何かという問題です。この問いへの解答の前提として、まず考えておかなければならないことがあります。それは、今日の時代を人類史のなかにどう位置づけるかという歴史認識の問題です。産業革命以来確立し、連綿として続いてきた「賃金労働者」という人間の存在形態は、はたして永遠不変であり、未来永劫にわたって存在し続けるものなのでしょうか。

大地から引き裂かれ、自立の基盤を失い、根なし草同然になった賃金労働者は、商品・貨幣関係のなかで市場原理の作動に対する免疫を失い、市場競争に対する抗体を失った存在として現れています。この賃金労働者を核に形成される「賃金労働者家族」が、社会の基礎単位、つまり社会の細胞を構成している以上、このような細胞からなる人体としての社会の総体が市場原理に対する免疫力を失った存在として現れるのは、当然の帰結であるといわなければなりません。

「菜園家族」構想は、こうした問題意識から出発したものです。「菜園家族」とは、「賃金労働者《サラリーマン》家族」に代わって人類史上に必然的に登場する、人間存在の新たな形態です。「現代賃金労働者《サラリーマン》」と「農民《ひゃくしょう》」の二つの性格を合わせもつ人格を核にして構成されるこの「菜園家族」は、市場原理に対する免疫を取り戻した、二一世紀の今日の要請に応えうる、人間の新たな存在形態であると言わなければなりません。こうして、人間の尊厳は回復されていくのです。

それだけではありません。「菜園家族」という人間の存在形態それ自体が、大地に根ざし、自然の摂理に適った、自然循環型の自給自足度の高いライフスタイルです。「菜園家族」を基盤に成立する循環型社会では、四季折々の移ろいに身をゆだねて営まれる人間の暮らしが、根幹をなしています。

そして、そのなかで人びとは、自然と人間との物質代謝の循環に直接かかわることから、この循環のためには、〝いのち〟の源である自然の永続性が何よりも大切であることを、常に身をもって実感して生きています。だからこそ、この循環を持続させるために最低限必要な生活用具や生産用具の損耗部分を補填すれば基本的には事足りると、納得できるのです。循環型社会においては、大量生産・大量浪費・大量廃棄の拡大生産をしなければならない必然性は、本質的にありません。

〝もの〟を大切に長く使うことや節約が、個人にとっても家族にとっても得策であり、社会の倫理として確立し、定着していくのは、そのためです。江戸時代や、戦後の高度経済成長期以前に見られる、「循環型」の日本社会においては、節約や〝もの〟を大切に使うことが美徳でした。ついこの間までの姿を思い起こせば、十分にうなずけるはずです。

少なくとも今日の日本では、一般に循環型社会というとき、なぜかごみや使い捨て容器や廃家電製品のリサイクルだけに矮小化して理解する傾向があるようです。しかし、ここでいう循環型社会とは、すでに述べてきたように、大量生産・大量浪費・大量廃棄の根源であり、人間性を破壊するアメリカ型「拡大経済」自体を止揚《アウフヘーベン》し、その生産体系を根本から変革し、自然と人間、人間と人間が共生する新たな社会・経済の枠組みと、それを基盤に成立するライフスタイルが実現された社会を指しています。

ですから、「菜園家族」を基調とする自然循環型共生社会への転換自体が、社会の総体として、「環境技術」開発による「省エネ」などとは比較にならないほど、巨大なエネルギー消費量の削減を可能にするのです。これこそが、本来あるべき根源的な地球温暖化対策であると言わなければなりません。

二〇〇七年二～五月にかけて、「気候変動に関する政府間パネル」（ＩＰＣＣ）第四次評価報告書が公表されました。世界の注目を集めたこの報告書は、「過去半世紀の気温上昇のほとんどが、人為的温室効果ガスの増加による可能性がかなり高い」こと、「平均気温が二～三度上昇すれば、地球は重大な打撃を受ける」こと、そして、「今すぐ温室効果ガス排出量の削減に取り組み、二〇一五年までに排出を減少方向に転じ、二〇五〇年までに半減すれば、地球温暖化の脅威を防ぐことは可能である」ことを、あらためて科学的見地から確認しています。

こうしたIPCCの報告書や科学者の警告にもとづきCOP13では、二〇二〇年までに先進国は温室効果ガス排出量を一九九〇年比で二五～四〇％削減するという中期目標と、五〇年までに世界全体の排出量を半減するという長期目標が設定されました。

この目標について国際的に一致できるのかどうかが、地球温暖化防止の大きな課題として浮上しています。ところが、残念なことに、とくに「ポスト京都」の枠組みとして早期に決めなければならない中期目標は、国別に具体的な数値設定が求められてくるために、最大の排出国アメリカや、それに追従する日本のエゴや、各国の利害が絡んで、合意に達することが危ぶまれています。こうした困難な状況を打開するためにも、これまでのものの見方、考え方を支配してきた認識の枠組み、すなわち既存のパラダイムの革新によって、抜本的な地球温暖化対策を見出さなければならないのではないでしょうか。

世界を風靡しているアメリカ型「拡大経済」の猛威を放任したまま、その枠内で温室効果ガス削減の改良的実践を繰り返したとしても、もはや限界に来ていることは明らかです。「エコ」づくしの言葉が氾濫するなか、すさまじい勢いで大量生産と大量浪費と大量廃棄の現実が進行している世界の実態を見るだけで、それはおわかりいただけると思います。

今こそ私たちは、「菜園家族」を基調とする自然循環型共生社会の理念と、その社会変革の思想を、地球温暖化対策の国際的議論とその理論的成果に、しっかりと組み込まなければならないのです。そうしてはじめて、いっそう包括的で、より実現可能な新たな方法を見出すことができるのではないでしょうか。

子どもや孫たちの未来を見据えて

こうしたことを強調すると、温室効果ガス削減の数値目標すら国際的合意に達するのが困難であるときに、「菜園家族」構想のような社会変革を伴う提案は現実的なのだろうか、という疑念や心配が浮上してくると思います。それは、ある意味では無理もないことなのかもしれません。

しかしながら、アメリカ型「拡大経済」が深刻な矛盾をかかえ、行き詰まっている今、地球温暖化問題についても、社会変革を伴う根本的解決へと向かわせる、これまでとは比較にならないほど有利な客観的条件が生まれているのも、事実なのです。それは、アメリカの低所得者向けのサブプライム住宅ローン問題を発端に金融不安が強まり、一気に世界同時株安へと波及し、実体経済からかけ離れた世界経済の末期的とも言える脆弱性が露呈したことからも、うかがい知ることができます。

市場競争至上主義が猛威を振るい、世界を席捲し、民衆を苦しみの淵に追いやり、人間の精神を荒廃させ、人間そのものを破壊しているこの現実を、いかなる幻想も抱くことなく直視し、そこから冷静に考えなければなりません。人びとが大地に生きる自立の基盤を取り戻し、自給自足度の高い人間の存在形態、つまり市場原理の作動を抑制し、世界市場の猛威に対する免疫をも備えた「菜園家族」が、浮き草同然の不安定な「賃金労働者家族」に取って代わる。それは、歴史の必然であるといわなければなりません。

「菜園家族」を基調とする自然循環型共生社会への道のりは、子どもや孫たちの世代の未来のために、一〇年先、二〇年先、五〇年先を見据えて歩みはじめる、遠大なプロセスになるでしょう。世界の多くの人びとがめざそうとしている温室効果ガス半減という目標にしても、二〇五〇年の未来に向けて掲げられた理想です。「菜園家族」構想と同様、直ちに実現できる課題でないことは、言うまでもありません。

この両者は、五〇年先、一〇〇年先を見据え、理想を描き、その目標に向かって実現可能な具体的道筋を多くの人びととともに考え、そのうえで今できることから着実に実行していこうとしている点では、同じなのです。ですから、「菜園家族」構想だけを実現不可能な夢物語と切り捨てるのは、あまりにも軽率な速断ではないでしょうか。

しかも、繰り返し述べてきたように、「菜園家族」の創出こそが、地球温暖化を食い止める、決定的な鍵でもあるのです。仮にも、「菜園家族」構想、つまりアメリカ型「拡大経済」から、「菜園家族」を基調とする自然循環型共生社会への転換が、実現不可能な夢物語にすぎないというのであれば、「環境技術」開発による「省エネ」などとは比較にならないほど巨大なエネルギー消費量の削減を可能にする道は即、閉ざされることになります。「拡大経済」のライフスタイルの転換

図2—7　先進国のCO_2排出量の推移

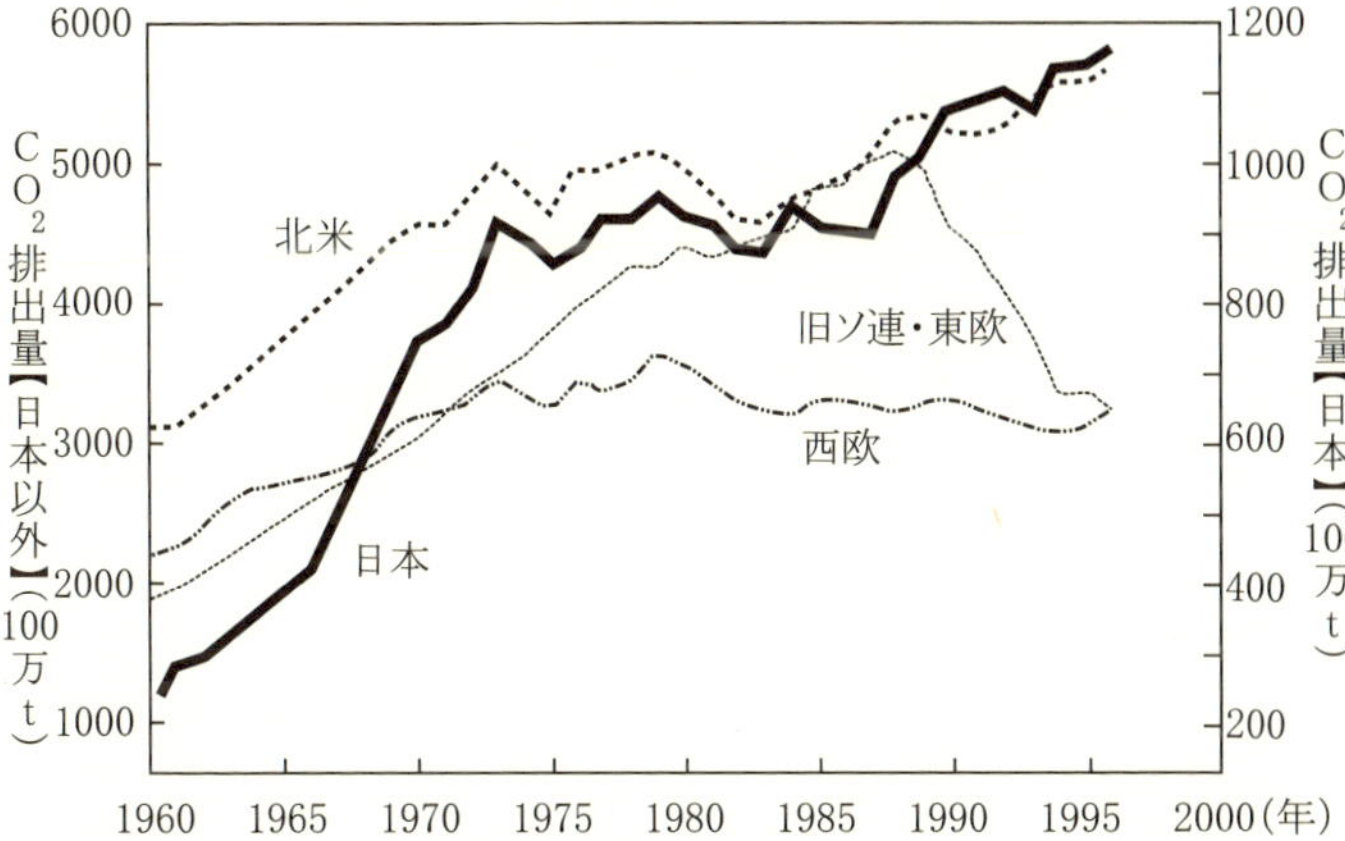

(出典) 米国オークリッジ国立研究所データより気候ネットワーク作成。

によって、エネルギー消費の総量自体を減らそうとしないならば、温室効果ガスの大幅削減の目標達成のためには原子力発電に頼るのもやむなしという、今日すでに現れている危険な議論に陥ってしまうでしょう。

社会経済的側面からのアプローチを初めから除外し、その道の可能性を追求することなく、科学技術的な解決法のみに頼って、今日の地球環境の破局的危機を回避しようとする。それ自体が、幻想であり、夢物語であると言わざるをえません。それは、日本が京都議定書の六％という削減割当てすら達成できず、逆に六・四％も増やしている現状を見るだけでも明らかです(図2—7)。

とすれば、こうした幻想のもとに温室効果ガス削減の国際的な努力をしていること自体が、虚しいものになってしまうのではないでしょうか。ですから、「菜園家族」構想は実現不可能という一言で安易に思考を停止するのではなく、地球環境問題という人類共通の今世紀最大の課題を解決しようとするのであればなおのこと、これまであまり語られてこなかった社会経済的側面を重視しなければなりません。そして、これを従来の議論の理論的枠組みに組み込みながら、実現に向けて少しでも早く第一歩を踏み出し、できるかぎりの努力を重ねることこそが、大切ではないでしょうか。

歴史が教えてくれているように、根本的な社会変革を伴う施策は、多くの市民にとって、現実を変えることへの不安感や現実への甘い幻想が禍して、実現不可能に映るものです。そして、根本的な変革を望まない勢力は、「それは理想かもしれないが、実現不可能である」などと言って、何の根拠も示さず、最初から問題をそらし、人びとが真剣に考えること自体を忌避するものです。

一般の人びとにとっては、あまりにも現実が過酷なので、遠い未来を考える余裕すら与えられていないというのが、本当のところなのかもしれません。しかし、現実が困難であるからといって、あるべき未来の理想の姿を探る努力を怠り、将来への展望を失えば、私たちは、今よりもさらに暗い混沌とした世界のなかで、いっそう悲惨な現実に苦しまなければならなくなるのです。

日本の、そして世界のすべての人びとが心に秘める終生の悲願

二〇〇六年暮れのNHK紅白歌合戦がきっかけになったからでしょうか。『千の風になって』は、多くの人びとの心を一気に捉えたようです。CDの売れ行きも、クラシック本格派の歌手が歌う

ものとしてはめずらしくヒットチャートの一位に入り、ミリオンセラーを達成するほどでした。「私のお墓の前で　泣かないでください」のフレーズで始まるこの歌は、なぜこれほどまでに現代人の心に響いたのでしょうか。受け止め方は人さまざまのようですが、悲しみに暮れる心に、このようにも聞こえてきます。

「私は、死んでなんかいません。あの大きな空を吹きわたる千の風になって、地上の、そして宇宙のすべてのものと溶けあい、つながりあって、生きているのです」

咲き乱れる草花や、木々の緑や、小鳥のさえずり……いのちあるものすべてが、いとおしく感じられてきます。それは、人びとの心の深層に眠る、原初的ともいうべき素朴な循環の思想を目覚めさせてくれるのです。私たちの多くが人生や社会に対する不安感を抱き、心を固く閉ざし、生きる希望さえ失いかけている今、人びとはこの歌に耳を傾け、自己のいのちのはかなさを癒し、はかないがゆえになおのこと、いのちの意味を問い直そうとしたのかもしれません。

宇宙の神秘としか言いようのない、あの想像を絶するビッグバンから一五〇億年。悠久の時をかけて豊かないのちを育んできた、かけがえのない地球。人間も、動物や植物も、水や土、そして宇宙に散在する無数の星々でさえも、そのすべてが、ビッグバンとともに宇宙に拡散された元素、さらに敷衍して言えば素粒子から成り立っています。これらすべてが等しく「宇宙の子」であるといわれる所以は、そこにあるのです。

人びとは地球の迫りくる破局を漠然と予感しながらも、それでも、宇宙の無限の広がりのなかを永遠に受け継がれていくいのちのつながりに、一縷の望みをかけているのかもしれません。人が最後に守るものは何なのか、と問われれば、誰もが迷うことなく、一つひとつのいのちの尊厳であると答えるでしょう。気も遠くなるようなはるか過去の、時間も空間も存在せず、ただエネルギーの塊であったといわれている宇宙の始原から、途絶えることなく進化をとげ、延々と受け継がれてきた、このいのちのつながりであると答えるにちがいありません。

それは、私たちの個々のいのちがあまりにもはかないがゆえになおのこと、誰もが、宇宙に溶け合い、未来へ続く自己のいのちのつながりを大切に思っているからでしょう。もし、このいのちのつながりが、いつかどこかの時点で断ち切られるとするならば、それを想像するだけでも、今ある自己のいのちは、この宇宙や地球の未来とは何のかかわりもない孤独な存在に感じられ、一瞬にして生きる希望は消え失せてしまいます。だからこそ、果てしない宇宙の広がりのなかで、多様ないのちを育んできたかけがえのない地球を、世界のすべての人びとが必死になって守ろうとしているのではないでしょうか。

世界の大多数の人びとのこうした切実な願いを脇に置き、ほかにもっと大切なことがあると言うならば、それは欺瞞のための口実にすぎないと言わざるをえません。アメリカ、オーストラリア、カナダ、日本、EU、ロシアなど一人あたりのCO_2排出量の大きい国々こそがまず、縮小再生産を覚悟してでも、本気になって地球環境問題の根本的な解決への道の範を示すべきです(図2—8)。

図2—8　世界の一人あたり CO_2 排出量（2005年）

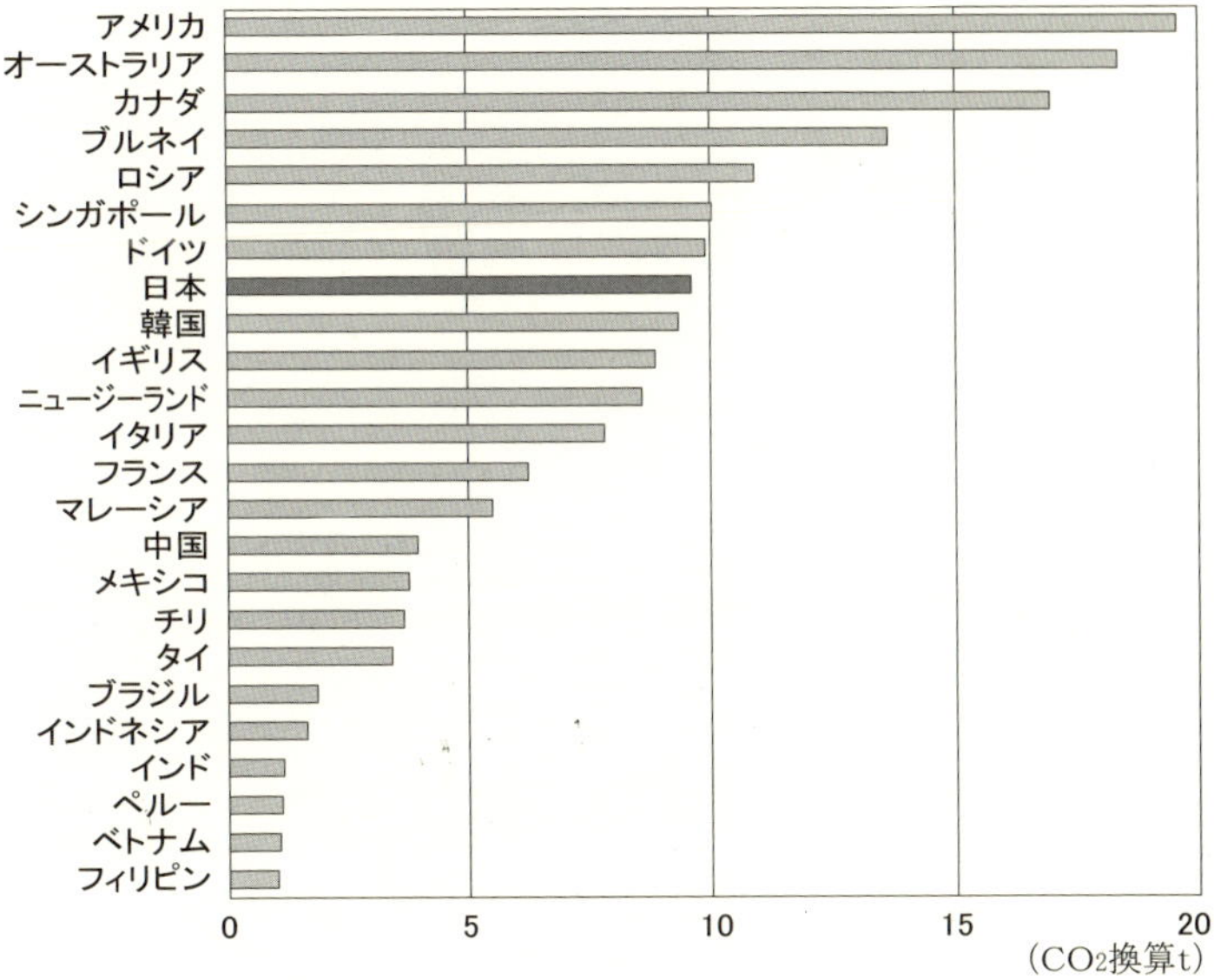

（出典）図2—5に同じ。

「環境先進社会」に学ぶ

今日、「省エネ技術」の開発が進んだ国を「環境先進国」と位置づけ、それが常識になっています。しかし、この考え方は根本から改めなければならないときに来ているのではないでしょうか。私たちがめざしているのは、究極において、ほかでもない高度に発達した自然社会です。不当にも「遅れた国々」とも呼ばれている、伝統的な自然循環型の社会こそ、「環境先進社会」と呼ぶべきかもしれません。

こうした社会こそ、意外にも、私たちがこれからめざすべき高度自然社会へのもっとも近い、健全な道を歩む可能性を秘めているとも言えるからです。

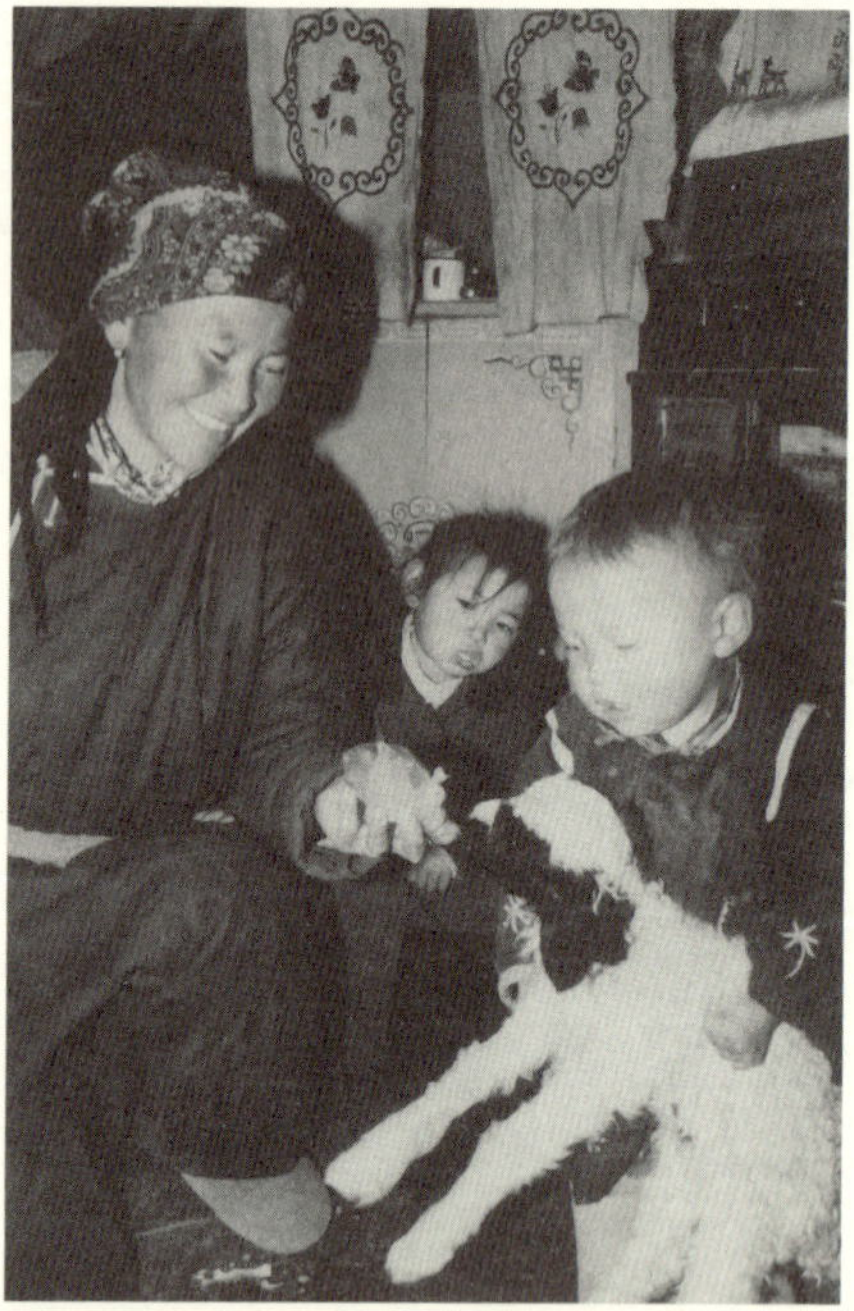

早春、仔ヒツジの誕生を喜ぶモンゴル遊牧民の家族。子どもたちも哺乳を手伝う

私たちは、ある条件のもとで後進性が先進性に転化するという弁証法を、歴史のさまざまな局面で見てきました。

　乾燥した大地にわずかに生える草をヤギや羊たちに食べさせ、丹念に乳を搾り、チーズやヨーグルトをつくり、自ら育てた馬やラクダで移動し、家族とともにつつましく生きているモンゴルの遊牧民たち。こうした人びとから見れば、豊かな自然と四季に恵まれているはずの日本など、さしずめ「輸入してまで食べ残す、不思議な国ニッポン」に映ることでしょう。

　そして、四六時中テレビから垂れ流すイメージ優先のコマーシャルで人びとの購買欲をかき立て、まだまだ十分に使えるのに、使い捨てを繰り返させるまことにぜいたくな社会だと、本当は憤りさえ覚えているのかもしれません。

　投機マネーが一瞬のうちに世界を駆けめぐり、ごくわずかの金満家が濡れ手に粟とばかりに巨万の富を掻き集める状況に至っては、もはや、想像も及ばない世界であるにちがいありません。高飛車に「あんたたちは、経済というものをわかっちゃいないんだよね」などと言って、世事にすれた感覚に薄汚れた常識を振り回し、せせら笑ってすませる場合ではないのです。

私たち先進工業国、加えて、ＢＲＩＣｓ諸国（ブラジル、ロシア、インド、中国）までもが「拡大経済」を追求するかぎり、モンゴルをはじめとする世界の大地は、「開発」の名のもとに、石油、石炭、天然ガス、鉄、レアメタルなどの地下鉱物や、水、森林などの天然資源、食料、繊維などの格好の収奪先として狩り尽くされます。そして、遊牧民や農民など大地に生きる人びとは、かけがえのない自らの地域から放逐されてしまうのです。これこそすさまじい環境の破壊であり、伝統に根ざした暮らしの破壊ではないでしょうか。

しかも、いつしかこうした国々も、際限のない「拡大経済」の市場に呑み込まれ、独自の進むべき道を閉ざされていきます。そして、結局、浮き草のように不安定な「賃金労働者」となって、私たちと同じ道を歩むことになるのです。私たちの市場に出回る安価な製品は、このような人びとの過酷な労働という大きな犠牲の上に成立しているという事実から、目をそらしてはなりません。そこには、多様性を失い、画一化された、マネーがすべての乾ききった世界が残されるだけです。こうして全地球は、争いの絶えない、ますます不安定で混沌とした悲惨な世界に陥っていくでしょう。

今こそ私たちは、いわゆる「先進国」仲間同士の身内の発想から訣別しなければなりません。

浮わついた口調で「環境先進国」とか「環境技術大国日本」と僭称してきた言葉の背後にある思想そのものを、一刻も早く克服しなければならないときに来ているのです。

二〇〇八年七月には、G8サミット(主要先進国首脳会議)が、前年に引き続き地球温暖化問題を主要なテーマの一つとして、日本が議長国となり、北海道洞爺湖《とうやこ》で開催されます。このサミット開催は、地球温暖化問題について、科学的な知見にもとづく理解を広く国民レベルに普及するうえで、大きな役割を果たす絶好の機会となるでしょう。

したがって、単なる各国首脳の晴れの儀式の舞台に終わらせてはなりません。温室効果ガス削減のための「省エネ技術」の開発や、排出量取引制度の手法などに矮小化することなく、私たちがどっぷり浸っているアメリカ型「拡大経済」の生産体系とライフスタイルそのものに鋭い批判の目を注ぎ、問題の核心を突くものにしなければなりません。

そして、何よりも大切なのは、広範な人びととの連携のもとに、議論を深め、力強い運動に高めていくことではないでしょうか。それは、住民・市民をはじめ、地球環境問題やさまざまな社会問題に取り組んでいる科学者やNGOやNPO、さらには農山村や都市部でのさまざまな地域活動、そして労働基本権や生存権すら認められず、不安のなかで日夜苦しんでいる多くの人びと、あるいは地方自治体や政府や企業や経済界の先進的で開明的な部分をも包み込むものでなければなりません。

大量に温室効果ガスを排出している大国の利害がぶつかり合い、矛盾・対立が激化しているときだけに、この限界を何とか乗り越えなければなりません。それには地球環境問題の初心に返り、二一世紀が要請する新たな社会変革の本道に立ち返らなければならないのです。

その社会変革のてこは、ほかでもありません。本章で述べてきた、二一世紀が要請する「現代《サラ》賃金労働者《リーマン》」に代わる新しい人間の存在形態としての「菜園家族」の創出です。私たちは、この「菜園家族」を基盤に成立するＣＦＰ複合社会（四八ページ参照）を経て、人間本来の豊かさと無限の可能性を求め、人類究極の夢である大地への回帰《レボリューション》と自由・平等・友愛の高度自然社会への壮大な道を、遅かれ早かれ歩み始めるでしょう。この変革の道を忘れ、ここからはずれたいかなる方法も、究極において、地球環境問題の根源的な解決を成しとげることはできないのではないでしょうか。

排出量取引制度を超える方法を探る

私たちが本章で確認してきた結論は、今日の深刻な人間性の破壊と地球環境問題の両者を根本的に解決するためには、一八世紀産業革命以来の「賃金労働者家族」を止揚して、「現代賃金労働者」と「農民」の二つの性格を合わせもつ「菜園家族」に転化していくことが決定的に重要である、ということでした。急速に進行する地球温暖化との関連で、「菜園家族」への転化をどのようにして実現していくのか。その具体的な方法が緊急に求められます。

そこで、ここでは、素案中の素案ともいうべき初動段階の考えを提示しておきたいと思います。

このたたき台が今後、さまざまな分野の人びととの議論のなかで、いっそう深められていくことが、私たちの願いです。

その際、EUではすでに実施段階に入り、市場ができあがっているといわれる、温室効果ガス削減のための排出量取引制度にまず着目したいと思います。そして、それに学びながらも、これまでに指摘されている弱点や欠陥を、先に述べた社会経済的側面、つまり「菜園家族」を基調とする自然循環型共生社会への転換という社会変革の視点を導入することによって抜本的に是正し、より包括的かつ有効な制度へと止揚していきたいと思います。

排出量取引制度は、国全体としてのCO_2など温室効果ガスの排出削減目標を定めたうえで、その達成のために、個々の企業に排出の上限(排出枠)を課すことが前提です。その枠を超える場合には、他の企業から排出権を買わなければなりませんが、逆に余った場合には、その分を他の企業に売ることができます。つまり、排出権という特殊な「商品」を生み出し、市場に委ね、競争原理によって「環境技術」の開発を促そうというものです。

排出枠を個々の企業に課すのですから、排出量の削減はある程度まで可能でしょう。しかし、排出権が市場でいくら取引されても、それ自体がただちに排出量の削減を意味するものでないことは明らかです。また、排出権市場が投機的資本のマネーゲームの新たな場と化す危険もあるし、お金を持つ国や巨大企業にとっての削減義務逃れの抜け穴になりかねないという欠陥を、もともと孕んでいます。

さらに、排出権の取得にあたって、途上国に資金・技術面で協力して削減した分を自国で減らしたと見なせるクリーン開発メカニズム（CDM）も大きな問題です。これを活用し、「国際貢献」の美名のもとに「環境技術移転」や「環境支援」を行うことは、相手国の生産や暮らしの独自性を無視し、国づくりの主体性を結果的に阻害する、先進国に都合のよい自己本位の欺瞞に終わる可能性がきわめて高いと言わなければなりません。

このように排出量取引制度は、国家的規制ルールと市場競争原理との組み合わせによって排出量削減を経済的に誘導しようとする点で、たいへん興味深い方策の一つではありますが、同時にさまざまな問題点を孕むと言えるでしょう。なかでも、地球温暖化の最大の元凶である市場競争至上主義の社会経済のあり方と、大量生産・大量浪費・大量廃棄のシステム自体を放置したまま、はたして今日の地球の破局的危機を回避できるだけの排出量削減を本当に実現できるのかが、最大の問題です。現状の排出量取引制度のままでは、危機の回避はおぼつかないと言わざるをえないでしょう。

もちろん、社会の変革は一気に実現できるものではありません。それでも、さまざまな問題点をかかえているとはいえ、今日EUがリードし、国際的にも主流となってきた排出量取引制度をはじめとするCO_2削減の手法のなかに、自然循環型共生社会への移行を誘導する新たなメカニズムを同時並行的に組み込むことによって、総体としてCO_2排出量を確実に削減する方法を何とか編み出さなければなりません。

こうした問題意識から、現在の排出量取引制度を超える新たな方法を探りたいと思います。その際、本章で述べてきた週休五日制の「菜園家族」を基調とする自然循環型共生社会それ自体が「超低炭素社会」であること、したがって、この社会への転換こそがCO_2排出量削減の決定的な鍵であることを前提に考えていきましょう。

低炭素社会へ導く究極のメカニズムCSSK方式

ここで提起する案は、おもに企業など生産部門におけるCO_2排出量の削減と、商業施設や公共機関や一般家庭などにおける電気・ガス・自動車ガソリンなど化石エネルギー使用量の削減を、「菜園家族」の創出と連動させながら、包括的に促進するための公的機関「CO_2《(C)》削減と菜園家族《(S)》創出の促進《(S)》機構《(K)》」(略称CSSK)の創設です。国および都道府県レベルのこの機構を、これから述べるメカニズムの中軸に据えていきます。

EUにおける排出量取引制度は、設定された排出枠、すなわち許可排出量の過不足分の売買を、おもに企業間で行うものです。ここで提起する案では、こうした排出量取引と並んで、一定規模以上の企業を対象にCO_2排出量自体に「炭素税」を課し、CSSKの財源に充てます。いわば「排出量取引」と「環境税」ともいうべき「炭素税」の組み合わせによって、国内のCO_2排出量の抑制を促すのです。そして、企業間の排出量取引額の一定割合を、炭素税とともにCSSKの財源に移譲します。

他方、商業施設や公共機関や一般家庭などでの電気・ガス・自動車ガソリンなどの化石エネルギー使用については、事業の規模や収益、家族の構成や所得、自然条件や地域格差など、さまざまな条件を考慮したうえで使用量の上限を定め、基準以上の使用分に対しては累進税を課します。この環境税も、CSSKの財源に移譲します。

CSSKは、生産部門と消費部門から移譲される、いわば「特定」財源を有効に運用して、「菜園家族」の創出とCO_2排出量削減のための事業を行うわけです。

まず、「菜園家族」の創出については、第4章で詳しく述べる、市町村に設置される農地とワーク（勤め口）のシェアリングの調整・促進のための公的「土地バンク」と連携しながら、各地域において、「菜園家族」創出を目的とした支援（助成金、融資など）を強化していきます。具体的には、「菜園家族」志望者への経済支援、農業技術の指導など人材育成、住居家屋・農作業場や工房、農業機械・設備、圃場・農道をはじめとする、いわば「菜園家族インフラ」の整備などの総合的な推進です。

その結果、限界集落や消滅集落が続出し、田畑や山林の荒廃が急速にすすんでいる過疎・高齢化の山村でも、農業経営が行き詰まり、破綻に瀕している平野部の農村でも、週休五日制の「菜園家族」が着実に創出され、全国津々浦々へ広がりを見せていくことでしょう。

国および都道府県レベルに創設されるCSSKと、市町村に設立される公的「土地バンク」とによる強力な支援体制のもとではじめて、都市や地方の若者も、パートや派遣労働など不安定労働に苦しんでいる多くの人びとも、脱サラを希望する人たちも、全国各地の農山村に移住し、「菜園家族」を築いていくことでしょう。根なし草同然の不安定なギスギスした生活から、大地に根ざした、いのち輝く農ある暮らしに移行するのです。やがて、日本の国土は週休五日制の「菜園家族」によって埋め尽くされていくにちがいありません。

これは、CSSK方式のメカニズムによって、「特定」財源を背景に、資本主義セクターCの無秩序な市場競争を抑制しつつ、「菜園家族」セクターFを拡大強化し、公共セクターPの新しい役割を明確に位置づけながら、CFP複合社会への移行を確実に促進することを意味しています。こうして、日本社会は究極の低炭素社会、つまり「菜園家族」を基調とする自然循環型共生社会へ、ゆっくりと着実に生まれ変わっていくのです。CSSKは、全国市町村の公的「土地バンク」のネットワークと連携しつつ、二〇年あるいは五〇年という長期にわたる移行計画の全過程を支えます。

次に、CO_2排出量の削減については、排出量取引と環境税の組み合わせによる新たなCSSKのメカニズムのもとで、生産部門におけるCO_2排出量と、消費部門における化石エネルギー使用量がしだいに抑制され、「環境技術」の開発も促進されていくでしょう。CSSKはまた、再生可能な自然エネルギー、なかでも、大型で高度な科学技術に頼らない、中間技術による地域自給型の小さなエネルギー源を研究・開発・普及させる支援を行い、CO_2排出量を削減していきます。

ここで再度、確認しておきたいのは、CSSKメカニズムによって「菜園家族」が生まれること自体が、そして「菜園家族」が形づくる自然循環型共生社会への転換自体が、使い捨ての浪費に慣らされてきたライフスタイルと企業の生産体系を大きく変えるということです。それは、「環境技術」による「省エネ」のみに頼る方法とは比較にならないほど大幅な消費エネルギー量の削減を、企業のみならず、一般家庭においても可能にします。したがって、ＣＳＳＫ方式においては、「菜園家族」創出事業そのものが、CO_2排出量削減の決定的役割を担うといっても過言ではありません。

ＣＳＳＫ方式では、生産部門と消費部門から還流する「特定」財源によって、CO_2排出量大幅削減の多重・重層的、かつ包括的なメカニズムが、全体として有効かつ円滑に作動します。つまり、端的に言うならば、このメカニズムは、CO_2削減の営為が単にその削減だけにとどまることなく、同時に次代のあるべき社会の新しい芽（「菜園家族」）の創出へと自動的に連動する、意外にも高次のポテンシャルを内包しているのです。これが、ＣＳＳＫ方式のもっとも大切な特質であると言ってもいいでしょう。

国連気候変動枠組み条約締約国会議が掲げる国際的約束、すなわちCO_2削減の数値目標も、このＣＳＳＫ方式のメカニズムによって、確実に達成されていくでしょう。今後、CO_2排出量削減のさまざまな国際的経験からも大いに学び、また国内の実情をさらに調査しつつ、広く叡智を結集し、この素案を綿密なシステムに練りあげることが、緊急の大きな課題です。

繰り返し述べてきたように、「菜園家族」そのものが市場原理の作動に対する優れた免疫を備え、

CO_2排出量削減の究極の鍵になっています。したがって、「菜園家族」を基盤に、二〇年、五〇年という長い時間をかけて、ゆっくりと築きあげられる新しい社会は、ますますグローバル化する世界金融の猛威や国際市場競争の脅威にもめげることなく、その優れた免疫力を発揮しつつ、自然に融和した健全な発展をとげるにちがいありません。

それは、とりもなおさず、外需に過度に依存する無秩序で不健全な輸出貿易型経済から、きわめて理性的に抑制された資源調整型の貿易のもと、健全な内需主導型の経済へ、着実に移行していくことでもあるのです。私たちは二一世紀において、このような社会をめざしていくほかに、道は残されていないのではないでしょうか。

道路特定財源を何とか維持し、今後一〇年で五九兆円もの巨額を道路に投入する政府の計画は世論の強い批判を受け、一般財源化を曖昧な形で一応、約束しました。とはいえ、依然として、その実質的な復活への策動は収まっていないようです。亡霊のごとく甦った道路利権の構図をまざまざと見た思いです。時代錯誤も甚だしいの一言に尽きます。論外と言うほかありません。

ここで問題にしたいことは、今日ここに至ってもなお目先の損得に終始する、近視眼的思考に陥っているこの国の政治的状況です。それをつくり出している原因は、もちろんいろいろ考えられます。その責任を為政者のみに負わせるのは簡単ですが、それでは、本当の意味での解決にはつながらないでしょう。むしろ、この国の未来のあるべき姿が見えないところで、絶えず議論を強いられ、あるいは、それを許してきた国民サイドの弱さにも、もっと目を向けなければならないときに来ているのではないでしょうか。

世界のすべての人びとにとって焦眉の課題であり、自己の存在すら根底から否定されかねない地球温暖化の問題は、私たちが生きているこの社会の未来の姿はどうあるべきかを自分自身の問題として真剣に考える千載一遇の機会として、積極的に受けとめたいものです。

市場原理に対して免疫力のない脆弱な体質をもった旧来型の社会が世界を埋め尽くしているかぎり、同次元での食うか食われるかの力の対決は、どこまでも続くでしょう。市場競争は、地球大の規模でますます熾烈さを極め、世界は終わりのない修羅場と化していきます。こうした状況を不問に付す「地球温暖化対策」は、一時はうわべを糊塗できたとしても、本質的な解決につながるものではありません。二一世紀は、こうした状況に終止符を打たなければなりません。

そのためには、一八世紀産業革命以来、私たちが拘泥してきたものの見方、考え方を支配する認識の枠組みを革新し、新たなパラダイムのもとに、これまでとはまったく次元の異なる独自の道を探り、歩み始める覚悟が必要ではないでしょうか。このことは、日本のみならず、世界のすべての国の人びとがめざすべき、二一世紀人類の共通にして最大の目標となるにちがいありません。そうでないというのであれば、現状を甘受するほかなく、やがて人類は熾烈な市場競争の果てに、人間同士のたたかいによって滅びるか、地球環境の破壊によって滅びるしかないのです。

本章で述べてきた自然循環型共生社会の創出には、私たちが暮らす身近な地域のあり方が問われます。それは、地域すなわち〝森と海（湖）を結ぶ流域地域圏《エリア》〟は「菜園家族」を育むゆりかごであるからです。そして、足元にある森林や農山村、そこに生きる人びとの暮らしを置き去りにしたままでは、地球環境問題の本当の解決はできないでしょう。

次章では、日本の地域のおかれている現状とその再生について、私たちの身近にある近江国の、森と琵琶湖を結ぶ「犬上川・芹川S鈴鹿山脈」流域地域圏《エリア》を具体的な例にとり、詳しく見ていきたいと思います。

第3章

グローバル経済の対抗軸としての地域

――森と海（湖）を結ぶ流域地域圏《エリア》再生への道

図3―1　犬上川・芹川流域の一市三町（彦根市、犬上郡多賀町・甲良町・豊郷町）の地勢とおもな集落

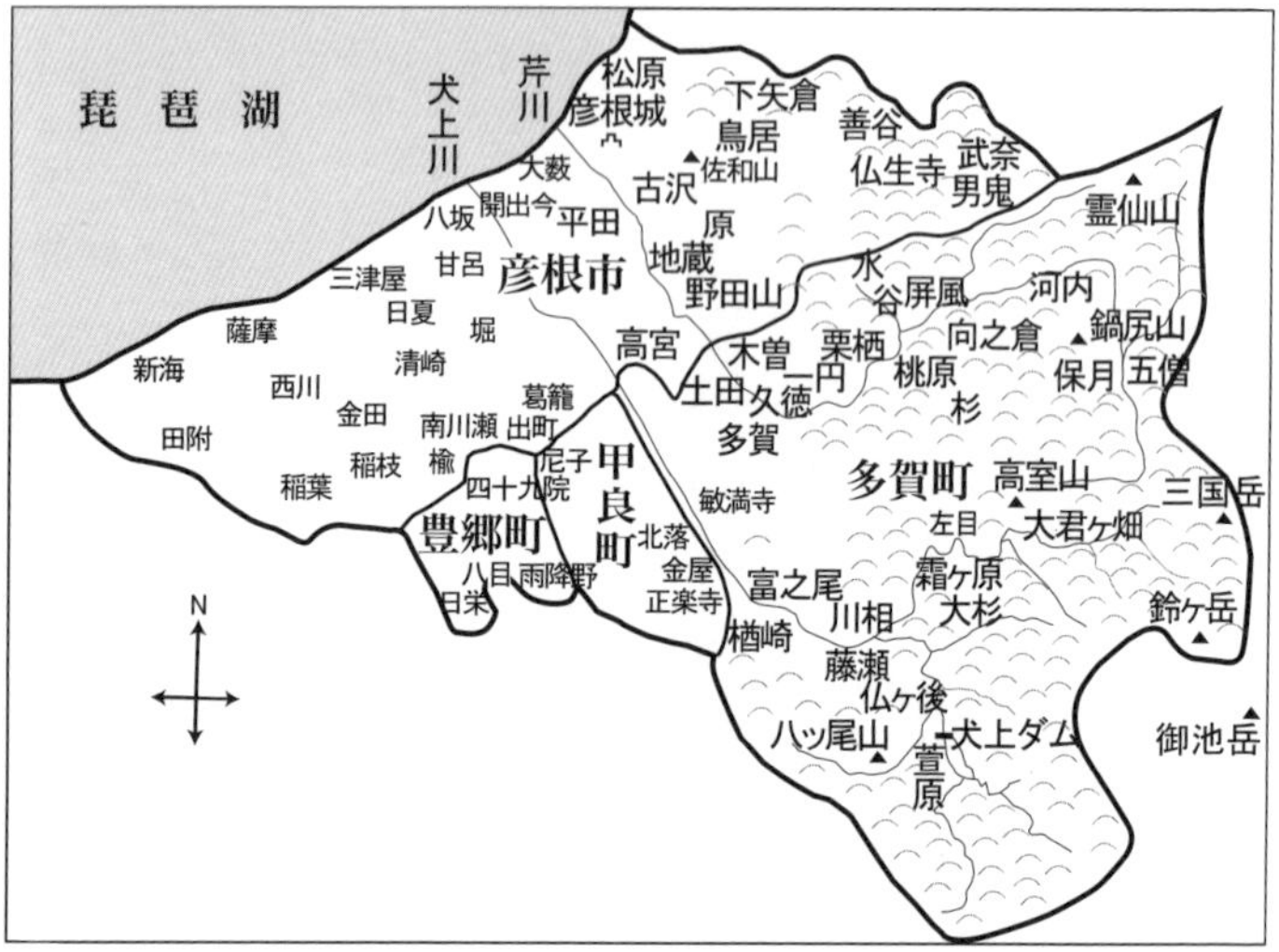

グローバル経済が席捲する今こそ、これに対抗する包括的な地域研究の確立と地域実践が求められています。「菜園家族」を育むゆりかごとなる、〝森と海（湖）を結ぶ流域地域圏《エリア》〟。「菜園家族」構想の基本理念に沿って、この流域地域圏《エリア》の再生を考えるとき、どのような地域の未来が描けるでしょうか。本章ではその再生への道を探るべく、一つの典型的な地域モデルとして、滋賀県の犬《いぬ》上《かみ》川・芹《せり》川流域地域圏《エリア》（彦根市、犬上郡多賀町・甲良町・豊郷町）を取り上げ、考えていきましょう。

森と湖《うみ》を結ぶこの流域地域圏《エリア》は琵琶湖の東側に位置し、湖畔から湖東平野を経て鈴鹿山脈の広大な森林地帯までがその地理的範囲です（図3―1）。東西二八キロ、南北一九キロ、面積は二五六㎢あります。ここで

は、この流域地域圏《エリア》を、とくに土地利用の視点から自然・社会・経済・文化・歴史の諸条件を考慮して、田園地帯、森林地帯、市街地と大きく三つに区分。それぞれのおかれている現状を見るとともに、その地域再生の基本方向を考えていくことにします。

1　中規模専業農家と「菜園家族」による田園地帯の再生

農業規模拡大化路線の限界

犬上川・芹川流域地域圏《エリア》の主たる田園地帯としては、まず、彦根市の犬上川以南に広がる広大な平野部があげられます。加えて、甲良町の総面積の八七%、豊郷町の総面積のほぼ全域が、主要な田園地帯に含まれます。

彦根市の田園地帯には、日夏《ひなつ》、薩摩《さつま》、稲枝《いなえ》など六一の集落があります。ほとんどが一〇〇戸前後からなる比較的規模の大きな集落です。また、甲良町の田園地帯には一四、豊郷町の田園地帯には一五の集落があります。これらのほとんどが近世の〝村〟の系譜を引く集落です。その農家の大半は戦後の高度経済成長期に兼業を余儀なくされ、今日に至っています。現在では他の農村地域の例にもれず、兼業農家のみならず大規模専業農家においても、後継者不足に悩んでいます。

図3―2　家族経営農業の耕地面積規模別の数と割合

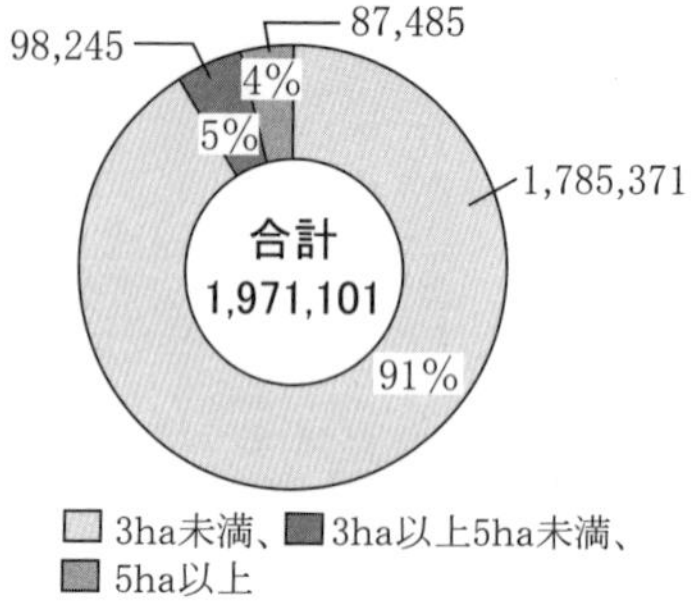

（出典）農林水産省「2005年農林業センサス」より作成。

若者の流出と高齢化がすすみ、将来への展望を見出せずにいるのです。

犬上川・芹川流域地域圏《エリア》の広大な田園地帯で、とくに注目しなければならないことがあります。それは、政府の政策によって、農業の「担い手」として選択的集中がすすめられている、大規模専業農家や集落営農組織の問題です。

二〇〇七年度から始まったこの「農政改革」なるものの中心をなす「品目横断的経営安定対策」では、米、麦、大豆、テンサイ、でん粉原料用バレイショについて、これまでの品目ごとの価格政策を撤廃。経営規模が四ヘクタール以上（北海道は一〇ヘクタール以上）の認定農業者と、一定の要件を満たした集落営農組織（二〇ヘクタール以上、中山間地域などには規模の特例がある）のみに支援対象を限定し、大規模経営体に補助金を重点配分するというものでした。

日本の家族経営農業は耕地面積三ヘクタール未満が九割も占めていますが、このような大多数の小規模家族経営は事実上、淘汰される仕組みです。この「改革」は貿易自由化を促進するWTO（世界貿易機関）体制に対応したもので、「国際競争力」のある農業経営体の育成が目的とされています。

加えて、政府は農地の集約化と農業の大規模化をすすめるために、農地相続や売買にかかわる税制の見直しにさえ、着手しようとしました（『日本経済新聞』二〇〇七年七月二四日）。この案は、農地の相続者が農業を継がなくても、土地を大規模経営体（前述の支援対象）に貸し出せば、相続税を免除する一方、耕作放棄した遊休農地などには税の優遇を認めないよう徹底するものです。また、農家が土地を売って得る譲渡益にかかる所得税の優遇措置（八〇〇万〜一二〇〇万円の所得控除）の対象範囲も広げるとされています。現在は、農家が大規模経営体に直接売る場合に税を優遇していますが、この記事の時点では、二〇〇八年度に農水省が創設するとしていた農地売買の仲介機関「農業再生機構」（仮称）への売却にも、税の優遇を認めるとしていました。

この農地の優遇税制の見直しは、農水省が二〇〇八年の税制改正要望に盛り込み、政府の経済財政諮問会議や税制調査会（首相の諮問機関）などで詳細を詰めることになっていました。〇八年度については実施は先送りされましたが、政府はこうした一連の優遇措置で、後継者難に悩む兼業農家などが大規模経営体に農地の貸し出しと売却をするよう誘導。農地の集約化を強引にすすめようというわけです。さらには、企業の農業参入と農業の株式会社化も視野に入れています。戦後、農業者以外の農地取得や農地転用を厳しく制限し、小規模家族経営による耕作者自らの農地所有を原則に、自作農の権利を保護してきた農地法の抜本的改悪もねらっているのです。

こうした今日の「農政改革」の動向をみると、政府は、日本の農業の危機打開を国土や自然条件に適った独自の道を探る方向で考えていないことがよくわかるでしょう。先進欧米諸国の単純な模倣としかいいようのない、農地規模拡大路線にのみ固執し、そこから一歩も抜け出すことができずにいます。

戦後、重化学工業重視路線のもと、大量の工業製品の輸出による莫大な貿易黒字と引き換えに、日本の農業と農村と自然環境は絶えず犠牲にされてきました。さらに今、グローバル化のなかで、日本が「国際競争を勝ち抜くには、自由化で競争力を強くするのが基本」であるというのです。それによって農家や農村が痛みを被ったとしても、「痛みを感じる産業を守ることで（自動車、電機など）日本経済を支える産業が立ち行かなくなってもいいいか」（経済産業省経済産業審議官、『朝日新聞』二〇〇七年八月三日）と、ＥＰＡ（経済連携協定）・ＦＴＡ（自由貿易協定）交渉におけるさらなる自由化を正当化し、押しすすめようとしています。

農家に対しては、「農産物の輸出拡大」など「攻めの農政への転換」を掲げ、そのためには「農産物の輸入も自由化しなければならない」「輸出競争力強化のためには、農業の株式会社化が必要だ」と議論をすり替えています。そして、経営難・後継者不足に苦しむ農村の実態を尻目に、工業最優先、貿易立国の路線を極限にまで推進しようとしているのです。

しかし、いかに政府が農地規模拡大路線をあおり立てようとも、日本の狭い国土や急峻な土地条件を無視した政策がいずれ限界に突き当たることは明らかです。大規模経営体が日本農業の「担い手」であるといわれても、貿易自由化による国際競争にさらされ、安い外国の農産物が大量に輸入されるなかでは、価格競争面だけでも太刀打ちできないのは目に見えています。

効率よく利潤を得ようとすればするほど、単一品目の大量生産にならざるをえず、市場に振り回される殺伐とした経営に陥ります。そして、大規模な食品加工メーカーや外食産業の傘下に組み込まれ、自立的で創造的な農業の姿からは、ますます離れていきます。しかも、農地面積が大規模になれば、農薬や化学肥料にいっそう依存することになり、無農薬・有機栽培による安心・安全な食料の供給は望めません。

私たち日本人の主食である米をつくる農家でさえ、国際市場化の波のなかで、深刻な事態に直面しています。農政が押しすすめる大規模化・農地集約化の方針によって、農業機械のますますの大型化・精密化を余儀なくされ、莫大な借金をかかえたまま、米価の下落が追い打ちをかけ、倒産の不安に怯えているのです。

二〇〇七年夏の参院選における農村部での与党の惨敗、品目横断的経営安定対策の農家選別による農村集落現場での大混乱、〇七年産米の米価大暴落……。農家の悲痛な声を受け、政府は若干の手直しを行いましたが、農水相の〇八年年頭所感によると、これまでの「農政改革」の基本路線は維持するようです。

農業経営体の大半を占める兼業農家の農地はこうした上からの政策によって、大部分が大規模専業農家または集落営農組織に、一時期は吸収されるでしょう。しかし、そのもたらす結果は、きわめて深刻であると言わなければなりません。とくに、農業後継者であるべきはずの兼業農家の息子や娘たちの大半は、農業の未来に失望して都市部に流れ、都市の過密と農山村の過疎・高齢化はさらにすすむでしょう。

こうして生まれる農村の余剰労働力の吸収は、都市部における経済成長頼みとならざるをえません。しかし、かつてのような右肩上がりの高度経済成長はのぞむべくもない今、親の世代には何とか確保されていた都市部での比較的安定的な勤め口の確保は、これからの若者世代には、ますます困難になるにちがいありません。

従来型の発想では、日本の農業・農村問題は、展望を見出すことはできないでしょう。国際環境を見ても、世界的な食料不足が現実の問題となり、これまでのように、お金で世界中から食料を買いあさってすまされる時代ではなくなっています。今、求められているのは、二一世紀にふさわしい新たな理念にもとづく、新たな発想による農業・農村政策の根本的転換なのです。

〝菜園家族群落〟は今日の農政の行き詰まりを打開する

農業は、〝森〟と〝水〟と〝野〟を結ぶリンケージの循環のなかで成立しています。大小さまざまな水路の確保・維持や、農道や畦の草刈り、里山の保全など細やかな作業は、小規模農家や集落の〝共同〟の労働によって伝統的に支えられてきました。さらに、子育て・介護など生活上の助け合いや地域に根ざした文化も、小さな家族や集落によって担い育まれ、潤いある暮らしを成り立たせてきたのです。火事、洪水、雪かき・雪おろし、地震など自然災害への対策や相互救援

図３–３　基幹的農業従事者の年齢階層別割合（全国）

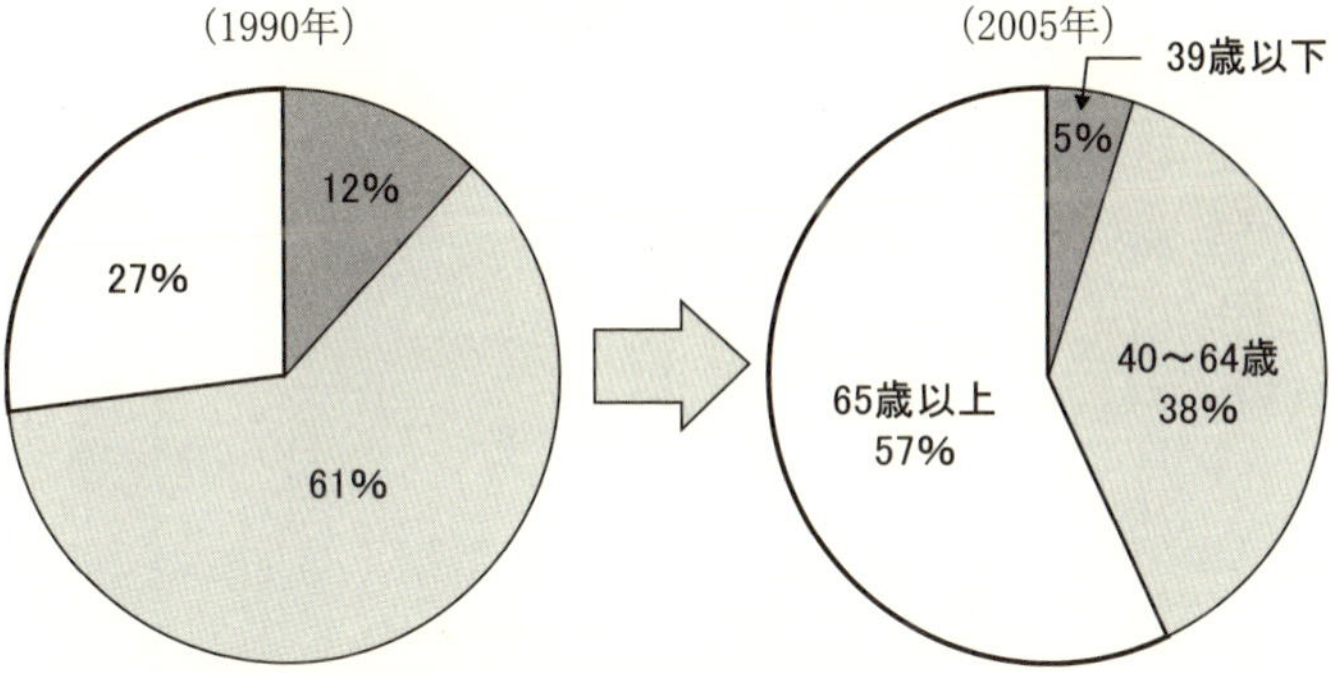

（出典）農林水産省「農林業センサス」より作成。

の活動もまた、家族間の協力や集落の共同の力なくしては考えられません。

仮に大規模経営体（大規模専業農家・集落営農組織）が競争に「生き残った」としても、大多数の小規模農家が衰退すれば、こうした農村コミュニティは破壊され、〝森〟と〝水〟と〝野〟のリンケージの維持が困難に陥ることは、容易に予測されるところです。日本の国土や自然条件、あるいは深刻の度を深めていく地球環境から考えても、将来においては、大規模経営体は日本の特殊条件に適った中規模専業農家への道をたどらざるをえなくなるでしょう。そして、週休五日制による多くの「菜園家族」が、中規模専業農家の間をうずめていくことになります。

日本の農業経営の七七・四％を占めるに至った兼業農家は高齢化がすすみ（図３―３）、農業労働の従事が困難となっています。そして、後継者もいないまま、多くの農村で耕作放棄地が増大してきました（図３―４）。農水省は、その解決策として、「集落営農」の組織化をすすめていますが、高

図3—4　耕作面積と耕作放棄地面積

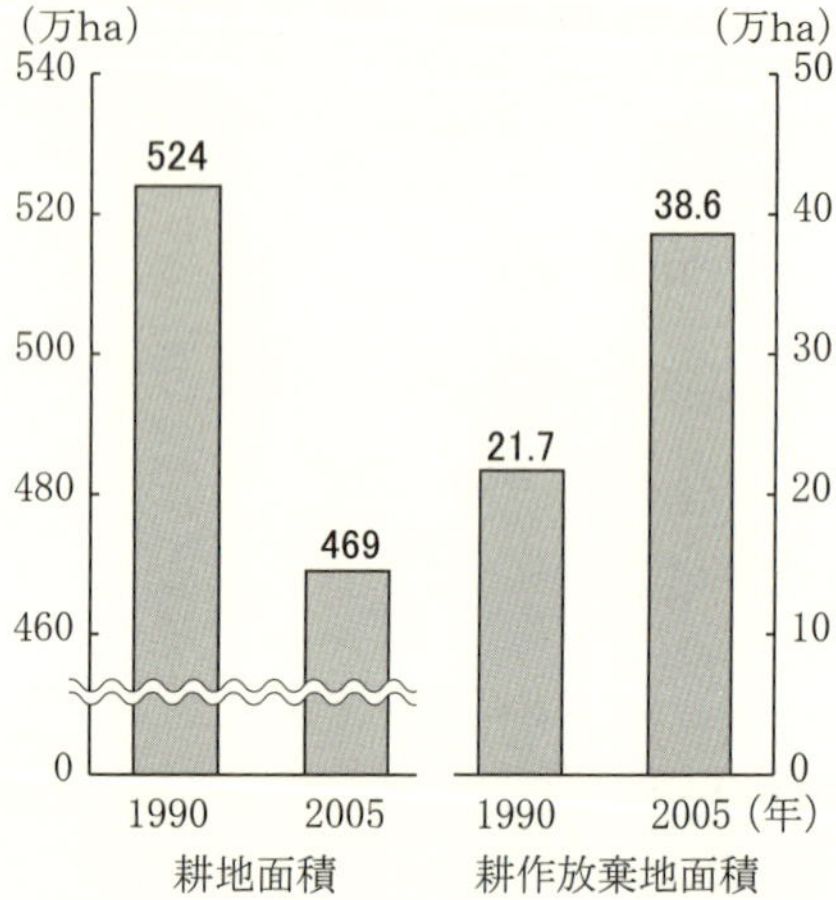

(出典) 農林水産省「耕地及び作付面積統計」「農林業センサス」より作成。

齢化した個々の兼業農家は、後継者が得られなければ遠からず自然消滅する運命にあります。こうした形の「集落営農」は、緊急避難的な対処にすぎません。結局、集落営農としての性格は完全に失われ、農地の集約化が促進されるだけでしょう。

しかも、現在、「集落営農」組織を中心的に担う者自身が、すでに五〇～六〇歳代です。彼らは農作業のみならず、その段取りや農家間の調整、経理などの取りまとめを一手に引き受けなければなりません。そのうえ、兼業農家であるがゆえに日々の会社勤めも重なり、過重な負担に苦しんでいるケースが多く見られます。創造的で積極的な楽しい農業は、望むべくもありません。

親の苦労を見ている息子や娘は、このような「農業」なら、後を継ぎたいとは思いません。親も、先祖伝来の田畑を自分の代で手放しては申し訳ないと何とか維持してはいるものの、息子や娘には同じ苦労をさせたくないので、無理してまで継がなくてもよいとさえ思っているのが、実情ではないでしょうか。

　これに対して、「菜園家族」構想は、日本の農業のあり方を長期的展望に立って見据え、兼業農家を週休五日制の「菜園家族」に積極的に改造・育成していくものです。そして、中規模専業農家を中核に、その周囲を一〇家族前後の「菜園家族」が囲む、団粒構造の〝群落〟を形成する可能性を積極的に追求します。この中規模専業農家の性格は、〝菜園家族群落〟のなかに明確に位置づけられるものでなければなりません。

　中核となる中規模専業農家は、とくに都会からの新規就農・帰農希望者や、兼業農家の後継者に対しては、農業技術を伝授・指導したり、堆肥をまとめて生産したりして、「菜園家族」を育成・支援する役割を果たします。一方、「菜園家族」は、水利・草刈りなど農業生産基盤の整備に参加したり、子育てや介護や除雪など暮らしのうえで協力。中規模専業農家と「菜園家族」との間に、きめ細やかな相互協力関係が時間をかけて熟成されていくのです。

　中規模専業農家が規模と技能を生かして、米や麦や生鮮野菜など特定の品目を量産して、遠隔の大都市にも供給するという社会的機能は、当面は必要でしょう。一方、「菜園家族」は、週五日は「菜園」で自給のための多品目少量生産によって、おとなも子どもも家族総出の創造的活動を楽しみ、自己実現をはかります。若干の余剰生産物は、近所にお裾分けするか、近くの市街地の青空市場に出品して、地域や街の人びととの交流をこれまた楽しむのです。こうしてはじめて、地方都市は農山漁村部とのヒトとモノの密な交流によって活性化し、再生のきっかけをつかんでいきます。

中規模専業農家を核に形成される〃菜園家族群落〃は、農業を基盤にするかぎり、〃森〃と〃水〃と〃野〃を結ぶリンケージ、つまり〃森と海(湖)を結ぶ流域地域圏《エリア》〃のなかで、はじめて生かされていきます。それは、流域地域圏《エリア》内において、第2章でふれた「村なりわいとも」を構成する重要な要素の一つになるでしょう。

ここで再度確認しておかなければならないことがあります。大規模農家を増やし、企業の農業参入を促して農地集約化をすすめる政府の路線は、戦後の農地改革以来の土地政策における大転換です。いったん、その方向へ大きく踏み出したら、修復がきわめて困難になります。それだけに、慎重でなければなりません。第2章で述べたように、現在は市場競争至上主義のアメリカ型「拡大経済」路線の結果、経済や社会や教育や文化など、あらゆる分野で問題が噴出しています。こうしたときだからこそ、五〇年、一〇〇年先を見据えた長期的な展望に立って、私たちの今日の暮らしや生産のあり方を深く問うことから始めなければなりません。

「菜園家族」構想は、こうした時代認識のもとに提起されています。とくに今日の農業問題をめぐる議論は、経済効率とか自由貿易とか国際競争の勝ち負けといった、目先の利益や都合に矮小化するものであってはなりません。そして、これは「農業従事者」だけの問題ではありません。なぜなら、私たちのいのちを支えているのは農であり、ひいては日本の国のあり方の根幹そのものにかかわる、国民共通の大テーマであるからです。それは、世界の他の地域の人びとの暮らしや自然環境(水・農地・森林など)にも影響を及ぼしていきます。

農のあり方は、政治家や官僚や「学者」や「有識者」など、限られた一部の者に委ねられていいはずがありません。広く国民的な対話を通じて、徹底的な議論を尽くし、時間をかけて考えていくべき問題です。WTO体制を放置したまま、さらなる貿易自由化のもとで大規模化・農地集約化の道を歩むのか。それとも、秩序ある理性的な調整貿易のもとに、国土や自然に合った「菜園家族」を基調とする日本独自の農的暮らしの道を追求するのか。このことが今、問われているのではないでしょうか。

〝菜園家族群落〟は、大規模化路線に抗して多様化の道を対置し、その直接的・具体的な形を提示したものです。いったん立ち止まって、この喫緊の大問題を再考するきっかけになればと願っています。

2　「森の菜園家族」による森林地帯の再生

荒廃する山の集落と衰退の原因

彦根市と犬上郡多賀町・甲良町・豊郷町の一市三町からなる犬上川・芹川流域地域圏《エリア》。この東の周縁には鈴鹿山脈が走り、北から南へ霊仙山《りょうぜんやま》、三国岳、鈴ヶ岳、御池岳《おいけだけ》と標高一〇〇〇メートル級の山々が連なっています。森林地帯は流域地域圏《エリア》総面積の五六%を占め、その八一%が多賀町で、一八%が彦根市の北東部です。したがって、森林面積の実に九九%が流域地域圏《エリア》の東縁に集中していることになります。とくに多賀町は、町の総面積の八五・五%が森林で、「森の町」の名にふさわしい自然条件にあります。

この広大な森林地帯は自然の降水を受けとめ、涵養し、山あいを走る渓流は川となって西へ流れ、平野を潤し、人びとの暮らしを支えてきました。この森林地帯は、犬上川・芹川流域地域圏《エリア》に生活する一三万人のまさに〝いのち〟の源なのです。

ところが、この森林山間地帯は、今では惨憺たるありさまです。広大な山間部に散在する集落では空き農家が続出し、多くの集落が廃村ないしは限界集落の状態にまで追い詰められています。高齢化によって、林業や農業の担い手は完全に失われ、山は荒れ放題です。滋賀県の行政サイドから「環境こだわり県」のかけ声が聞こえて、久しくなります。新しい県政をむかえた今こそ、環境パフォーマンスの段階は卒業して、「環境問題」を地域の暮らしの根っこから捉え直し、真剣に考える時期に来ているのではないでしょうか。

広大な森林地帯の保全を担うべき集落は多賀町に三九あり、森林地帯の全域に散在しています(図3―5)。平野部に位置する久徳《きゅうとく》や多賀などの集落はまだしも、山麓から奥山に位置する二六の集落(芹川上流域の全集落、犬上川北流域の大君ヶ畑や佐目《さめ》など、犬上川南流域の萱原《かやはら》や大杉《おおすぎ》など)では過疎化と高齢化が急速にすすみ、状況はきわめて深刻です。すでに廃村ないしは廃村寸前の状況

図 3–5　多賀町の地勢と集落

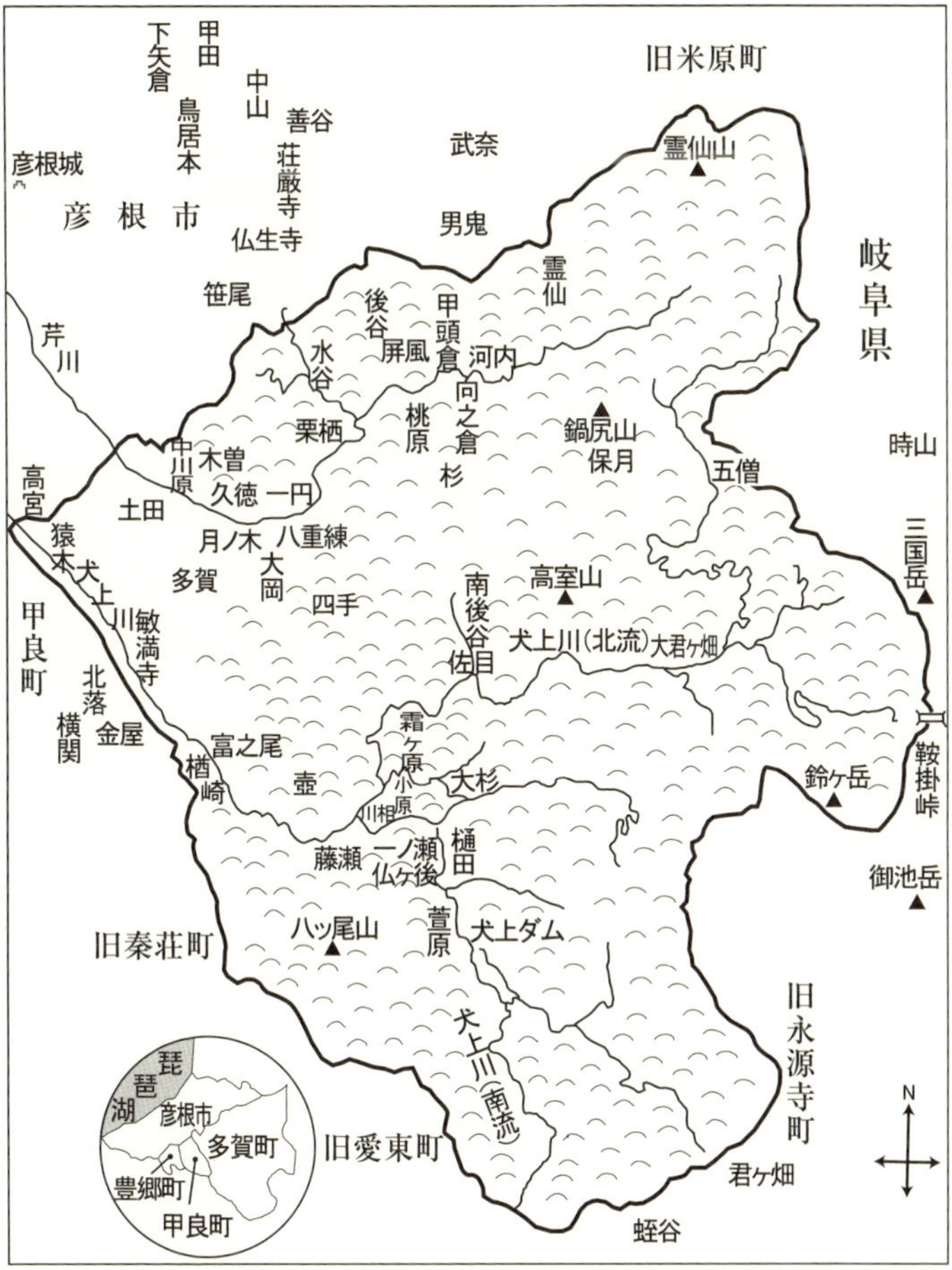

図3―6　国産材自給率の推移

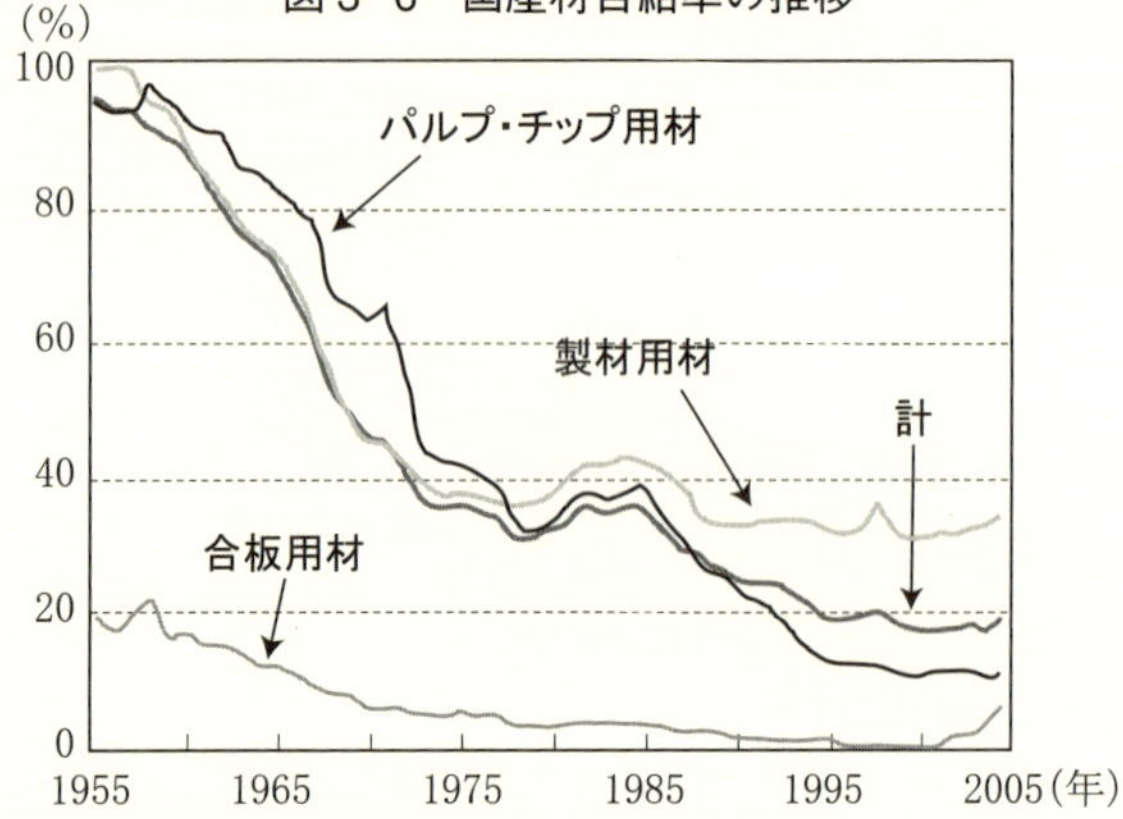

（出典）林野庁「木材需給表」より作成。

にある集落は、芹川上流域を中心に、桃原《もばら》、向之倉《むかいのくら》、甲頭倉《こうずくら》、屏風《びょうぶ》、後谷《うしろだに》、霊仙《りょうぜん》、杉《すぎ》、保月《ほうづき》、五僧《ごそう》などがあげられます。犬上川・芹川流域地域圏《エリア》のもうひとつの主要な森林地帯である彦根市北東部の集落（男鬼《おおり》、善谷《ぜんたに》など）も過疎化・高齢化が急速にすすんでいます。

二〇〇八年現在、多賀町に暮らす二五九八家族のうち、まともに林業を営んでいる家族は皆無に等しいといってもいいくらいです。恐るべき事態に至りました。林業や農業ができないだけでなく、お年寄りだけの家族構成では、いざ病に倒れたらどうなるのか、事態はますます深刻化しています。

多賀町と彦根市北東部の広大な奥山の山間に散在するこれらの集落は、山あいの狭い畑を耕し、林業を主要な生業《なりわい》として、長い歴史を歩んできました。ところが、一九五〇年代なかばから、状況は大きく変わっていきます。重化学工業優先の高度経済成長の影響が、この山村にもおよんできたのです。国産木材価格の低迷や化石エネルギーへの転換による薪・木炭需要の減少、若者の都会志向によって、山村は揺らぎ始めました（図3―6）。

一九六〇年代初頭には、国の植林政策に応える形で、山村の人びとは、杉や檜の植林事業に尽くします。しかし、国が同時にすすめた木材の輸入促進というまったく相反する政策によって、木材価格はたちまち下落しました。国内林業は、あっという間に不要の産業の烙印を押されてしまいます。将来への不安のなかで、多くの家々から一斉に若者が山を下りていきました。何百年という先祖伝来の林業を受け継ぎ、畑を耕し、子どもを育て、誠実に生きてきた山村の人びとの心を、国は無惨にも踏みにじったのです。人間を愚弄するにも限度があるとは、このことではないでしょうか。

広大な山間部に足を踏み入れると、林業で栄えた昔の面影はどこにもありません。山は荒れ、放置されたままです。奥山からサルやイノシシやシカが人里に降りてきて跋扈《ばっこ》し、それでなくとも狭い山あいの畑はいっそう荒れていきます。

一九六〇年代に国策としてすすめられた杉の単一密植造林は、サルやイノシシやシカやクマの餌である木の実のなる楢やブナなどの落葉広葉樹を駆逐しました。その結果、畑や田の作物を荒らす「獣害」が、奥山のみならず、ふもとの農村地帯にまでおよぶ勢いです。柵や網囲いや電線を張りめぐらすなど、その対策のための労力や費用はあなどれません。高齢化した農家の耕作放棄に拍車をかけています。この「獣害」という名の公害による被害は甚大で、計り知れません。

しかも、間伐や保育作業などの手入れが行き届かない山の保水力は落ちています。ひとたび大雨に見舞われれば、土砂崩れなどを引き起こしやすく、山村集落の人びとは絶えず危険にさらされているのです。この賠償の責任を負わなければならないのは、いったいだれなのでしょうか。高齢化した過疎山村で、後継者もなく、不安のなかで「獣害」や自然災害に苦しんでいるお年寄りの自己責任だと放置しておいていい性格のものでは、決してないはずです。

かつては賑わった最奥の集落・大君ヶ畑《おじがはた》

過疎・高齢化に悩む山村集落の暮らしの実態を、犬上川・芹川流域地域圏《エリア》の最奥にある多賀町大君ヶ畑《おじがはた》を例にとって、具体的に見ていきましょう。

鈴鹿山中には、近江と伊勢を結ぶ街道として昔から利用された山越えの間道が、いくつかあります。大君ヶ畑の鞍掛《くらかけ》峠も、その一つです。滋賀県側の山麓の集落・多賀から、犬上川沿いに上流域の奥山・大君ヶ畑に入り、三重県員弁《いなべ》郡藤原町（現・いなべ市）に下るこの鞍掛越えは、お伊勢参り、多賀大社参りの道として、また近世には伊勢・美濃方面と交易する近江商人の中継地点として、おおいに利用されてきました。大君ヶ畑は戦国期に、戸数二〇〇戸、馬八〇頭をかかえる大集落で、一〇〇人もの旅人を収容できる旅籠《はたご》群があったと伝えられています。

明治一〇年代ごろ（一八七〇～八〇年代）の大君ヶ畑のおもな産物は、薪、木炭、お茶、大豆、繭《まゆ》、苧麻《ちょま》（からむし。茎の皮の繊維で布を織る）など。木挽《こび》き（材木を大鋸でひいて板や角材をつくる人）や茶師は、鈴鹿の山を越え、岐阜県や三重県から来ました。大豆は三重県側との間で魚介類や干物と交換され、三重県側からは鰹節《かつおぶし》などの干物を背負った行商が見られたそうです。お茶は犬上川下流域の彦根市の鳥居本《とりいもと》や豊郷町の八町《はっちょう》などの集落に移出し、日用品の大部分は、徒歩で山を越え、犬上川を下って、片道四時間を要した彦根市の高宮《たかみや》集落に依存していました。このように、三重県や岐阜県と交流しつつ、犬上川・芹川の流域に沿って経済圏を形成し、生業《なりわい》を成立させていたのです。

鈴鹿山中、大君ヶ畑の集落全景（上、1984年撮影、大君ヶ畑集会所所蔵）と犬上川のほとりにたたずむ大君ヶ畑集落の下《しも》の家々（下、2006年撮影）

それから一三〇年、高度経済成長を経て、この山中でも交通は様変わりしました。国道やトンネルが整備され、大君ヶ畑の集落から、この流域地域圏《エリア》の中核都市、人口十一万の彦根市の街まで、車でわずか三〇分ほどです。にもかかわらず、かえって過疎・高齢化は急速にすすみ、子どものはしゃぐ声などほとんど聞かれません。お年寄りだけのひっそりとした村に様変わりしてしまいました。

大君ヶ畑の暮らし●ある老夫婦の半生から

大君ヶ畑で私たちが活動の拠点としている里山研究庵のすぐ下のお隣は、杉山一市《かずいち》おじいさん(一九二〇年生まれ)と富枝《とみえ》おばあさん(一九二六年生まれ)のお宅です。富枝おばあさんは、春先には、近くの裏山で蕗《ふき》のとうが採れたからと天ぷらにして持ってきてくださったり、夏の台風のときには、大雨の翌日に谷筋でミョウガが採れたと言っては、お裾分けしてくださったりしました。早速、まだ土の香りのするみずみずしいミョウガを縦に千切りにし、うどんの薬味にしていただきます。森の恵みがからだ中に染み込んでいくようです。この土地のこの森のなかで暮らしているのだという実感と、自然との不思議な一体感を覚えます。

富枝おばあさんも一市おじいさんも、大君ヶ畑に生まれ、育ちました。一市おじいさんは、今でも自分の山に入って薪を切ってきては、軒下に高く積み上げて蓄えています。電化の進んだ便利な世の中になっても、この薪で焚いたお風呂に毎晩入るのが何よりの楽しみであると言います。

杉山一市さん・富枝さん夫妻（大君ヶ畑、2001年晩秋）。山の畑で冬大根の収穫にいそしむ

息子さんや娘さんは五〇代。すでに山を下り所帯をもっておられ、大学を出て就職された大きなお子さんたちがいます。息子や娘、それに孫たちは都会暮らしをしているけれども、老夫婦ご自身は、この山から離れられないと言います。生まれてこの方、この土地に育ち、畑を耕し、林業を営んで、暮らしてきたのです。集落のすべての人びとが、老夫婦にとっては幼馴染《おさななじ》みです。それは人と人の間の関係だけではありません。ここの山や川や野辺の草木から小さな生き物の一つひとつに至るまでが、やはり幼馴染みの友人であり、かけがえのない大切ないのちなのです。

富枝おばあさんは、雨があがると、よく山に出かけます。山菜や薬草がどこに芽を出しているのかを熟知しているのです。そして、毎日のように山や畑に出かけては、自然の恵みを無駄なく丁寧に活用し、自分たちのいのちを支えています。

老夫婦にとっては、大君ヶ畑と流域の自然が、すべてです。この自然の恵みを自己のものとして取り込み、それが血流となり、からだをめぐります。人間と大地が融合し、それがひとつのものとなって、循環が成立しているのです。二人にとって、この自然と人間の一体化を解消し、土地から離れることなど、到底考えられません。それは決して経済的理由からではなく、まさにこの大地と人間の関係に由来する根源的な問題なのです。

ここでは農業といえば、田んぼは少なく、山の斜面や谷筋近くのわずかな土地を開墾した畑が中心です。人びとは昔から多種多様な作物をつくり、暮らしを営んできました。大豆や黒豆や小豆《あずき》、そして空豆、エンドウ豆などの豆類。大麦や小麦、粟《あわ》、キビ、ソバなどの雑穀類。いも類はジャガイモやサトイモ。野菜類は、春には小松菜、夏にはシシトウガラシ、ウリ、キュウリ、トウモロコシ、カボチャ、スイカ、秋・冬には大根、カブラ、ゴボウ、ネギ、ゴマ。

これらの畑から採れる農産物を季節季節に実に細やかに加工し、調理して、暮らしに最大限、役立ててきました。それだけではありません。茶畑や桑畑があり、製茶や養蚕も行われてきました。また、山や谷筋に出かけては自然の野草や山菜を摘み、丁寧に日常の暮らしに活かしてきたのです。老夫婦が幼少のころは、集落を流れる渓流でアユやフナやウナギがたくさん獲れたといいます。

ただし、大君ヶ畑の狭い世界だけが、老夫婦の生活の場であったわけではありません。薪や材

裏山から採ってきた自然薯《じねんじょ》でとろろ汁をつくる富枝おばあさん（上、二〇〇一年晩秋）、山と畑の恵みを生かした富枝おばあさんの手料理（下、自然薯のとろろ汁、ゴボウの黒ゴマあえ、ホウレンソウのおひたし、ミョウガの粕漬け、カブラの漬けもの、キュウリの糠漬）。

木や炭を生産して犬上川下流の平野部に搬出し、山あいの土地では不足する米や、ふだん入手できない日常雑貨などを物々交換によって手に入れてきました。山の冷涼な気候を活かし、琵琶湖で獲れたニゴロブナで鮒ずしを漬け、お正月にはその美味を楽しんだそうです。大君ヶ畑の人びとだけではなく、犬上川・芹川流域に沿った他の集落の人びとも、「森の民」と「野の民」との交流を積極的に行うことによって、それぞれの生活を成り立たせてきました。

富枝おばあさんは、よくこんな話を聞かせてくれます。「まだ若いころには……」といっても、大昔の話ではなく、高度経済成長が始まる前の一九五〇年代前半の話です。

夫婦二人で大八車を引いて、ひとつ山むこうの佐目《さめ》の集落を通り、さらにいくつもの山を越えて、霜ヶ原《しもがはら》や富之尾《とみのお》の集落を経由して、犬上川下流域の平野部にある甲良《こうら》町の北落や金屋集落に、薪や炭を運びました。帰りには、その隣の集落横関《よこぜき》で、米などを買います。朝暗いうちに家を出て、東の空が白むころ峠を越えて、やっとのことで甲良町の集落に着くのです。薪を売ったお得意先で、ついでに休ませてもらうのですが、お弁当を開けるのが恥ずかしかったと言います。麦や栗などの雑穀や大根の葉っぱがたくさん混じって、黒々としているからです。

おばあさんは、若い娘のころの思い出として、「今では平気で話せるけれども」と断りながら、話を続けます。「山の暮らしにはいいところもたくさんあるのですよ」とも言って、こんな話もしてくださいました。

甲良町の知り合いの家に泊まることになり、お風呂をよばれたときのことです。甲良は平野部にあって薪が少ないので、ワラで焚いたお風呂に入ります。ところが、お湯が少なくてからだが暖まらないまま、風呂からあがったそうです。薪で焚いた大君ヶ畑のわが家のお風呂はお湯があふれていて、とても暖まります。「あんなお風呂は、もうこりごりだ」とも付け加えて、やっぱり山の暮らしのほうがいいとおっしゃるのです。

お風呂を焚《た》く薪を取り出す一市おじいさん

八八歳になった一市おじいさんは、今でも陽が西に傾きかけるころには、必ずといっていいほど、軒下に高く積み上げた薪を取り出してきてはお風呂を沸かし、煙突から勢いよく煙をたなびかせています。このほほえましい夕刻の光景を目の当たりにして、富枝おばあさんの話の意味がわかってくるように思えます。人間には、そして人間の暮らしには、それぞれ他とは替えがたい個性があり、山には山の、野には野の、それぞれいい暮らしがある。そして、そのかけがえのないそこにしかない個性に馴染むようにして、人間は幸せに生きているし、それが幸福な生き方なのだと、つくづく思うのです。「住み慣れる」ということの本当の深い意味がわかってきたような気がします。

山奥の大君ヶ畑では、昔と比べて少なくなったとはいえ、大雪が積もります。集落を走っている国道三〇六号線は、冬期には鞍掛峠で遮断されるので、ひっそりとしていますが、ふもとの町から除雪車が来るので、集落の人びとは何かと助かっています。ただし、除雪してくれるのは国道だけ。山の斜面にたたずむそれぞれの家々から国道までの細い坂道は、自力で雪かきをしなければなりません。こんなとき、一市おじいさんは早朝から始めます。

長い冬が過ぎ、ようやく日和がよくなる春先になると、冬の積雪の重みでつぶされた畑の「獣害」除けの柵を直す作業にとりかかります。そして、「若い人であれば、二〜三時間あればできるのに、いい歳になったので一日中かかっても終わらない」と息を切らせながら、疲れきった表情でつぶやくのです。そういえば、私たちがこの庵に移ってきたころにはもっとお元気であったと、数年前のことを思い出します。耳が遠いので力を入れて大きな声で話すためか、お元気そうに見えるけれども、なにせ八八歳です。

富枝おばあさんも数年前はせっせと山へ入り、山菜を摘んだり、畑仕事にも勢いがありました。でも、冬期には雪や寒さで外に出られず、どうしてもこたつでの生活が長くなります。足を痛め、自由に畑仕事ができなくなったと、とみに弱音をこぼすようになりました。山菜採りに山に出かけるにも、昔の古びた乳母車を歩行補助代わりに、寄りかかるようにゆっくりと押しながら山道を行く沈黙のうしろ姿には、余生への一抹の不安と寂しさがあるように感じられます。

「御上」に振り回されて……

平野部の街に出た五〇歳代の長男のご家族は、きっと心配なのでしょう。お孫さんたちもかわるがわるに顔を出しては、帰って行きます。

暮れのお餅つきには、長男夫妻に三人のお孫さんたちが加わって、いつもは老夫婦だけのひっそりとした静かな杉山家も、一気に賑わいます。昔ながらの木の臼に杵《きね》で、木製のせいろでふかしあげたばかりの湯気のあがった餅米を、手際よく次々についていきます。このときばかりは、富枝おばあさんの活躍どきです。台所から臼の置かれた土間まで全体を取り仕切り、若い人たちは指示に従って機敏に動きます。杉山家にとって、何十年も続いてきた恒例のお餅つきだけあって、チームワークはみごとなものです。もっとも、賑わいはひとときで、夕方になると、一人帰り、二人帰り、いつのまにか元の静けさに戻ります。

お孫さんは三人とも平野部で就職していて、都会の若者の忙しい生活に帰らなければなりません。長男夫妻も、サラリーマンとしての現実があります。せっかくの親子三代のだんらんも、一晩を過ごすことすら許されず、そそくさと元の生活に復帰しなければなりません。それぞれにはそれぞれの生活の形ができあがり、不動のものになっているのです。

朝早くから夕方までの、わずか一日の「同居」ではありましたが、老夫婦は、都会の生活と田舎の生活のはざまで一瞬の喜びと悲哀を同時に味わいながら、それでも、子どもや孫たちが今年も無事に集まってくることの幸せに感謝しています。

四十数年ほど前、長男が小学校五年生のとき、富枝さんは難病を患い、医者にもう長くはないと告げられたそうです。そのとき、富枝さんは、「せめて末娘が高校にあがるまでは」と懇願されたという話を、近所の方からうかがいました。どんなにか子どもたちの成長と幸せだけを楽しみに、この山で半生を生きぬいてきたことか、その心境は察するにあまりあるものがあります。口には出さないけれど、自分たちが育った大君ヶ畑の山の自然のなかで、息子たちの家族とともに和やかに暮らすことを夢見て、働いてきたにちがいありません。

一市おじいさんからは、こんな話も聞きました。一九六一年か六二年ごろ、「御上《おかみ》」から杉や檜の植林をすすめられ、大君ヶ畑からさらに山奥へ入った谷あいに仮小屋を立て、一カ月も家を離れて、集落の人びとともに植林作業に従事したそうです。

すでに述べたように、当時は、都会の住宅不足が深刻になり、木材の需要が急速に伸びていました。しかし、政府は同時に木材輸入の自由化を押しすすめたのです。国のこの相反する政策によって振りまわされ、山では働く場所もなくなり、息子や娘たちをやむなく都会へ送り出すことになりました。

それから約五〇年がたった現在、今度は都会の仕事さえもままならない時代になりました。多くの人びとがリストラの恐怖と不安にさらされながら、日々を送っています。少し前までは、長男夫婦の家族たちは時間的にも経済的にも余裕があり、暮れにはそろって二～三日はゆっくりと過ごすことができたそうです。老夫婦は子どもや孫たちの行く末を案じています。自分たちが「御上」に振り回されてきたように、子どもや孫たちも形は違ってもまた、同じような運命をたどるのではないか。からだが弱りながらも、心配しつづけています。

老夫婦の静かな姿は、「御上」の薄情な仕打ちに、この山で生き、その戦後史を知り尽くしている人間として、無言の沈黙をもってこたえているかのように思えてなりません。

森の再生は「森の民」だけが担う課題ではない

今見てきたように、犬上川・芹川流域地域圏《エリア》の広大な森林地帯に散在する集落は急速な過疎・高齢化に見舞われ、限界集落や廃村に追い込まれています。そして、森林生態系そのものが瀕死の状態に陥っています。

平野部の都市生活では、遠い国の、あるいは抽象的な「環境問題」についてはメディアを通じて関心が向けられるようになりました。ところが、肝心の自分たちの足元の流域地域圏《エリア》で起こっている深刻な「環境問題」については、なぜか実態をほとんど知らされていません。危機感は希薄で、森林は放置されたままです。環境や暮らしのあり方の問題は、自分たちの足元の生活圏から実態を知り、考え、取り組むことが、何よりも求められているのではないでしょうか。

五年か一〇年も経てば、林業や山の暮らしの知恵や技は完全に途絶えてしまうと言われています。しかし、高齢で若いころのようには働けないけれども、山仕事の技はからだが覚えているというお年寄りは、まだおられます。広大な森林で育まれてきた山仕事の技や知恵を暮らしの基礎にしっかり据えてこそ、山の家族は甦り、森林は守られていきます。それを受け継ぎ、若い世代に伝え、かつての山村に息づいていたシステムを甦らせるのは、今が最後のチャンスなのかもしれません。

多賀町と彦根市北東部の森林地帯から発する水は、滋賀県内の他の森林地帯から流れ出る多くの河川と同じく、琵琶湖に注いでいます。琵琶湖から流れ出る川は瀬田川だけで、やがて淀川となって大阪湾に達します。したがって、琵琶湖の水は、湖畔の人びとだけではなく、近畿地方一三〇〇万人のいのちの源になっていると言えるのです。犬上川・芹川流域地域圏《エリア》の森林地帯再生は、そこに住んでいる「森の民」の家族のためだけの問題ではないことがわかるでしょう。一市三町の流域地域圏《エリア》全域の視野からも、近江国という県レベルの視野からも、さらには近畿一円の視野からも、取り組むべき課題です。

高度経済成長期のように、工業優先政策のもと、工業部門で稼いだおこぼれで、山村もなんとか凌《しの》ぐことができた時代は、もう終わりました。人間のいのちにとって大切な森林地帯の放置は、これ以上許されません。今こそ、発想の転換が必要です。何よりもまず、森の家族と広大な森林地帯に散在する五三の集落をいかにして甦らせるのかが、将来構想の基本に据えられなければなりません。地方自治体も国も、森林地帯がもつ重大な公益性を深く認識し、森林地帯の家族と集落の再生を最優先課題に位置づけて、あらゆる施策を講じる必要があります。

周知のように、戦後日本の重化学工業の急速な発展は、市場に委ねるだけで成し得たことではありませんでした。国や地方自治体の重化学工業優先政策のもと、財政・税制などの優遇措置や、その他あらゆる施策を集中して、はじめて成し得たことを忘れてはなりません。

そして、戦後六〇年以上が経った今、高度経済成長の歪みが農林漁業・農山漁村問題として明確な形をとって現れてきました。この歪みは、表裏一体のものとして、都市の勤労者の暮らしにも顕在化しています。農山漁村の問題と都市の問題は、根がひとつなのです。そうであるならば、戦後日本の歪みの是正が全国民的課題になりつつあるのも、当然のなりゆきであると言わなければなりません。

しかしながら現実には、工業優遇政策にもとづく高速道路やトンネルやダムなどの従来型の大型公共事業が、相変わらず続けられています。今こそ、国民の貴重な血税によって成り立っている財政のあり方を根本から変え、戦後の歪みの是正に向けて政策を転換するべきときではないでしょうか。「菜園家族」構想は、理想ではあるけれども現実的ではないという意見の多くは、こうした戦後政策を変えないことを無意識の前提にした諦念ではないかと思われます。よく考えてみれば、国の政策によってつくり出された重大な歪みを国の新たな政策によって是正していくのは、至極当然ではないでしょうか。

森の再生は「森の菜園家族」の創出から

もちろん、国や地方自治体の政策が変わらなければ何もできないということではありません。地域住民・市民自身が「郷土の点検・調査・立案」の連続螺旋《らせん》円環運動に取り組み、自らの暮らす地域の認識を深め、自らの問題として地域を変えていこうとすることが、あるべき姿の基本です。このプロセスは、同時に地域変革の主体形成の過程にもなります。こうした地域での地道な日常活動が市民的・国民的運動へと展開し、やがて地方自治体や国の財政のあり方を根本から変えていく力にもなるのです。

このような展望のもとに、犬上川・芹川流域地域圏《エリア》の森林地帯について「点検・調査・立案」を促すために、初動段階での「立案」(作業仮説の設定)を、いくつか具体的に提示したいと思います。

森林地帯における林業家族や農家の衰退の現状を受けとめ、集落の壊滅的ともいうべき状況を考えるとき、まず「森の菜園家族」の創出と「森の集落」の再生から始めなければならないことは、はっきりしています。森林の荒廃が叫ばれるようになってからは、国や地方自治体でも、ようやく森林整備事業に取り組むようになってきました。しかし、現状といえば、ひどいものです。荒廃した広大な森林面積からすれば、雀の涙ほどの「補助金」に頼っています。それも、造林公社や森林組合、あるいは市町村が「補助金」を使って臨時雇用し、将来展望のはっきりしない、その場しのぎの森林整備を行なっているのが、実態ではないでしょうか。

山の再生の担い手の基本は、なんと言っても山に住み、暮らす林業家族です。林業家族の存在しない林業は、ありえません。山を熟知する人が、そして家族が定着してはじめて、山は維持されます。これは、先人たちが長い体験の歴史から割り出した貴重な教えであり、持続的森林管理の原則です。

二一世紀の日本において、いかにして今日の時代にふさわしい林業家族を創出するのかが、今、問われています。それは、結論から言えば、「菜園家族」構想のなかで述べてきたのとまったく同じ原理にもとづいて導き出される、現代賃金労働者《サラリーマン》の性格と林業家族の性格とを兼ね備えた、新しいタイプの山村家族、すなわち「森の菜園家族」の創出にあるのです。

「森の菜園家族」の具体的イメージ●多様性を取り込み、木を活かす

二一世紀にふさわしい「森の菜園家族」とは、どんなものか、より具体的に考えてみましょう。

「森の菜園家族」は、近隣の中小都市に週に二日だけ通勤して〝従来型の仕事〟に従事し、五日間は山間部の「菜園」や林業の仕事を行います。

二〇世紀は、アメリカ型「拡大経済」のもとで、人口増を前提にした経済成長を目標に、規模拡大によって効率を上げ、生産を拡大してきました。大きなもの、売れるものであれば、その一品目にしぼってでもいいから、大量に生産し、利益をあげ、稼げるときにどんどん稼ぐ。そんな

経済の仕組みのなかで、私たちは生きてきました。熾烈な競争のなかで、人間は使い捨て自由な機械部品のように扱われ、それでも、競争に「生き残る」ためにと言われながら、必死になって働いてきました。私たちはもう、こんな生き方にうんざりしているのです。

森の生業《なりわい》と暮らしは、大量生産・大量消費・大量廃棄型の工業は言うまでもなく、平野部の農業と比べても、著しく異なります。畑の作物であれば、半年もすれば結果が出ます。それにひきかえ樹木は、植林してから大きな木に成長するまでに、少なくとも四〇～五〇年はかかるのです。まず、時間の流れが違います。

山は、植物の生態系も動物の生態系も、土地の形状も気候や気象も、多様です。したがって、生業《なりわい》と暮らしもまた、多種多様で変化に富んでいます。山菜、キノコ、木の実、渓流の川魚。どれ一つとっても、多様な種類や品目から成り立っています。樹種の数にしても、また然りです。樹種豊かな材質から、こまごまとした木工品や多彩な木の家がつくられます。自然がつくり出してくれる範囲のなかで、人間はその自然を上手に活用するのです。

森の多様な生態系がもつ自然そのものの生産力を巧《うま》くこまやかに活用し、持続するものづくり。森の暮らしの真髄は、もともと多品目少量生産であり、巨大な資本とも資源の乱用とも無縁で、環境への負荷も少ない、控え目かつ快適な暮らしです。

二一世紀の「森の菜園家族」は、多くの人びとの理解と力によって、週休五日制のワークシェアリングが社会的にも法制的にも保障され、森の多様性の伝統と知恵の基盤のうえに築かれるも

大君ヶ畑の秋の味覚。ムカゴとクリのご飯(上)とアケビ、クリ、クルミ、カヤの実(左)

のでなければなりません。週に二日は公共の精神にのっとって〝従来型の仕事〟をして、それ相応の安定した給与所得を得る。五日間は、ゆったりとした時間の流れのなかで、森の生活を人間らしく自由に楽しみます。

山あいの菜園や棚田、林業、薪・木炭、ヤギや乳牛の高原牧場、果樹、茶畑、養蜂、養鶏、シイタケ栽培、狩猟(イノシシやシカなど)、渓流釣り、山菜やキノコや木の実の採取、ぶどう酒の醸造、チーズづくり、さまざまな料理や保存食の加工、天然素材を用いた道具・容器の製作、木工家具、手工芸、陶芸……。家族構成に合った多様な組み合わせを選択し、多品目少量生産の自立した家族複合経営を確立していきます。これだけ多品目にわたるものづくりをしようと思えば、祖父母、父母、子どもたちという三世代にわたる大家族が見合うでしょう。多種多彩な人間的で豊かな活動があるのだから、森を放置しておくのはもったいない話です。

「森の菜園家族」は、自然に賑やかな家族構成になり、子どもたちはそのなかで生き生きと育っていきます。子どもの本来の教育は、自然のなかで、世代を越えた人間的な交流のなかでこそ、活きてくるからです。極度に社会化され、質的にも財政的にも困難に陥った今日の育児や老人介護や医療も、適切な公的社会福祉のあり方が追求され、無理なく自然に、根本から解決されていくにちがいありません。

森づくりは、家族づくりが基本です。家族の活動の基盤である住まいは、きわめて大切な位置を占めています。「森の菜園家族」の活動のすべては、ここを基盤に、ここから始まるからです。杉や檜や松、そしてケヤキや竹などを巧みに使い分けてきた、日本の木づくりの民家。ところが、森の国に住みながら、いつのまにか化学合成の安価で軽便な建築用材にとって代わられ、木づくりのよさは忘れられようとしています。

木造の家は、木を主体とし、土と紙が加わってつくられているので、湿度と温度を調節するには最適です。日本の風土にあうように長い歴史のなかで練りあげられ、つくりあげられてきた、先人たちの知恵の結晶でもあります。

「森の菜園家族」は、先人たちの知恵に学びながら、輸入木材ではなく、地元の山の木々を使って、自らの住まいを現代の「森の菜園家族」のライフスタイルに適合したものにつくりかえていきます。外国の森の国で発達したログハウスの利点も、用途によってはおおいに取り入れる柔軟な発想で、木づくりの民家が創造されるでしょう。そして、「森の菜園家族」は、流域地域圏《エリア》内の平野部の農村や中核都市に暮らす多くの家族にも、住まいの材料となる木材を地元の森から提供していくのです。

こうした住まいの問題を考えるとき、旧西ドイツの戦後復興期の長期展望に立った住宅政策からも学ぶ必要があります(くわしくは一七九～一八〇ページ参照)。「ウサギ小屋」と冷笑された住宅が日本でさかんに建てられているとき、旧西ドイツでは戦後まもない財政的に苦しい時期にもかかわらず、一〇〇年の長期無利子の住宅融資によって、最低耐久年限一〇〇年のどっしりとした住宅が建設されていきました。

この一例からもわかるように、「森の菜園家族」や「野の菜園家族」、それに後に述べる市街地における「匠商《しょうしょう》家族」を創出するとき、住宅問題に限らず、日本の政府と地方自治体が何をなすべきかを真剣に考えることが必要ではないでしょうか。

「森の菜園家族」の「なりわいとも」

「森の菜園家族」の活動が多彩で多岐にわたり、ヤギや乳牛やニワトリといった生き物の世話もすることを考えると、隣近所の家族との協力関係の大切さがわかります。そして、週に二日は近郊都市への勤めがあることを考えると、なおさら隣保の共同性のもつ意義は重要です。森林管理の面からも、数家族からなる隣保共同体としての「くみなりわいとも」、さらに集落(＝大字)を基盤にした「村なりわいとも」が、自然に強化されていくでしょう。

森の「村なりわいとも」は、隣保共同体「くみなりわいとも」がいくつか集まって形成されます。それは、〝森と湖を結ぶ流域地域圏《エリア》〟に広がる〝森〟と〝水〟と〝野〟の自然のリンケージのなかにあって、農的立地条件を満たす場として、少なくとも近世以来、先人たちによって選《え》りすぐられてきた一つのまとまりある伝統的な集落（＝大字）を基盤に、近代的協同組合《コープラティブ・ソサエティ》の性格をも加味した、新しいタイプの協同組織につくりあげられていくにちがいありません。

「森の菜園家族」は、前近代的な「林業家族」と近代の所産である「賃金労働者家族」の二つの性格を併せもつ新しい家族の存在形態です。したがって、グローバル経済に抗して森の「村なりわいとも」を創出することは、前近代的な〝村〟の共同性の基盤の上に、「協同の思想」という近代の成果を融合させ、甦らせるものであり、二一世紀に新たな「地域の思想」を構築しようとする人間的営為なのです。

高度経済成長期以来、「林業はダメだ」とさかんに言われてきました。その原因は、はっきりしています。木材の輸入自由化によって木材価格が低迷し、林業は成り立たなくさせられました。これからはその原因を取り除き、林業が成り立つ経済の仕組みに変えていかなければならないのはもちろんのことです。しかし、同時に林業に対する考え方を根本から変えなければ、どうにもならないところにまで来ています。

規模は小さくてもいい。森で暮らす人間のアイデアを活かして楽しい仕事をつくり出し、人間らしく健康に暮らす。それが、何より基本に据えられなければなりません。規模拡大でも、生産性第一でもない。小さくてもいいから、森にある多彩な要素を丁寧に取り込むのです。同時に、子ども、孫、その先の代まで、人間らしく暮らせ、楽しい仕事が長続きする林業でなければなりません。

樹木の成長そのものが、もともとそうなっています。この自然の摂理に反するどんな暮らしも、森との共存はあり得ないでしょう。「森の菜園家族」も、「くみなりわいとも」も、「村なりわいとも」も、森の暮らしのこの理念が根底になければなりません。すでに廃村ないしは廃村寸前にまで追い込まれている集落も含めて、犬上川・芹川上流域にある五三の集落を基盤にして、それぞれの集落に「森の菜園家族」による「村なりわいとも」を築くことが、森づくりの根幹にならなければなりません。

こうした集落では、廃村になった集落も含めて、今でもお盆やお正月や村のお祭りなどには、村を離れた人たちが子どもや孫を連れて都会から帰ってきます。高齢者も中年世代も若者もいて、村の過去や未来について、よく話になります。そうしたときに、すでに村を出た人も、村に残っているお年寄りも、あるいは直接縁故のない都会の人も、いわば人類のふるさとともいうべき、この森をどうするのかという視点から自分たちの集落の未来像を描いてみるのは、実に楽しいことではないでしょうか。

先にふれた「郷土の点検・調査・立案」の地域認識の過程は、実はこんな楽しい対話から始まるのかもしれません。地域認識の過程が深まれば深まるほど、森の再生への契機は、自ずと生まれてくるものです。森林再生への機運とともに、山村地域の再生が国民的な運動へと展開していくのも、あながち夢ではないのかもしれません。

山の活用に斬新な発想を●尾根づたい高原牧場ベルトライン

これまでの林業のあり方だけでは、とくに若い人びとが森に足を踏み入れることは、想像以上に困難です。二一世紀型の山の生業《なりわい》と暮らしのあり方を考え、新しい方法を編み出さないかぎり、再生の展望は開けてこないでしょう。私たちは今、世界を覆う閉塞状況のなかにあって、夢を描くことすらためらう時代になってしまいました。長期的展望に立って遠大な夢を描くことは、人びとの心のなかに眠っていたさまざまな発想や知恵を次々に呼び起こし、具体的な発案を促し、行動へとつながっていくものです。そんな夢の一つを、以下に紹介してみましょう。

それは、山頂と山頂を延々とつなぐ「尾根づたい高原牧場ベルトライン」構想です（図3―7）。犬上川・芹川流域地域圏《エリア》であれば、霊仙山―鍋尻山―高室山―三国岳―鈴ヶ岳―御池岳―八ツ尾山の山頂付近をつなぎ、全長二五～三〇キロにもおよびます。この奥山一帯は現在、森林管理はほとんどなされず、荒れ放題です。この高原牧場ベルトラインにつながる集落のほとんどが、すでに廃村か限界集落にまで追い込まれてしまいました。

尾根づたい高原牧場ベルトラインをつくるとすれば、これらの集落は、「ベルトライン」からは、やや低めの谷あいに位置しています。各集落の「森の菜園家族」で飼育されるヤギや乳牛たちは、

図3─7　「尾根づたい高原牧場ベルトライン」構想の略図

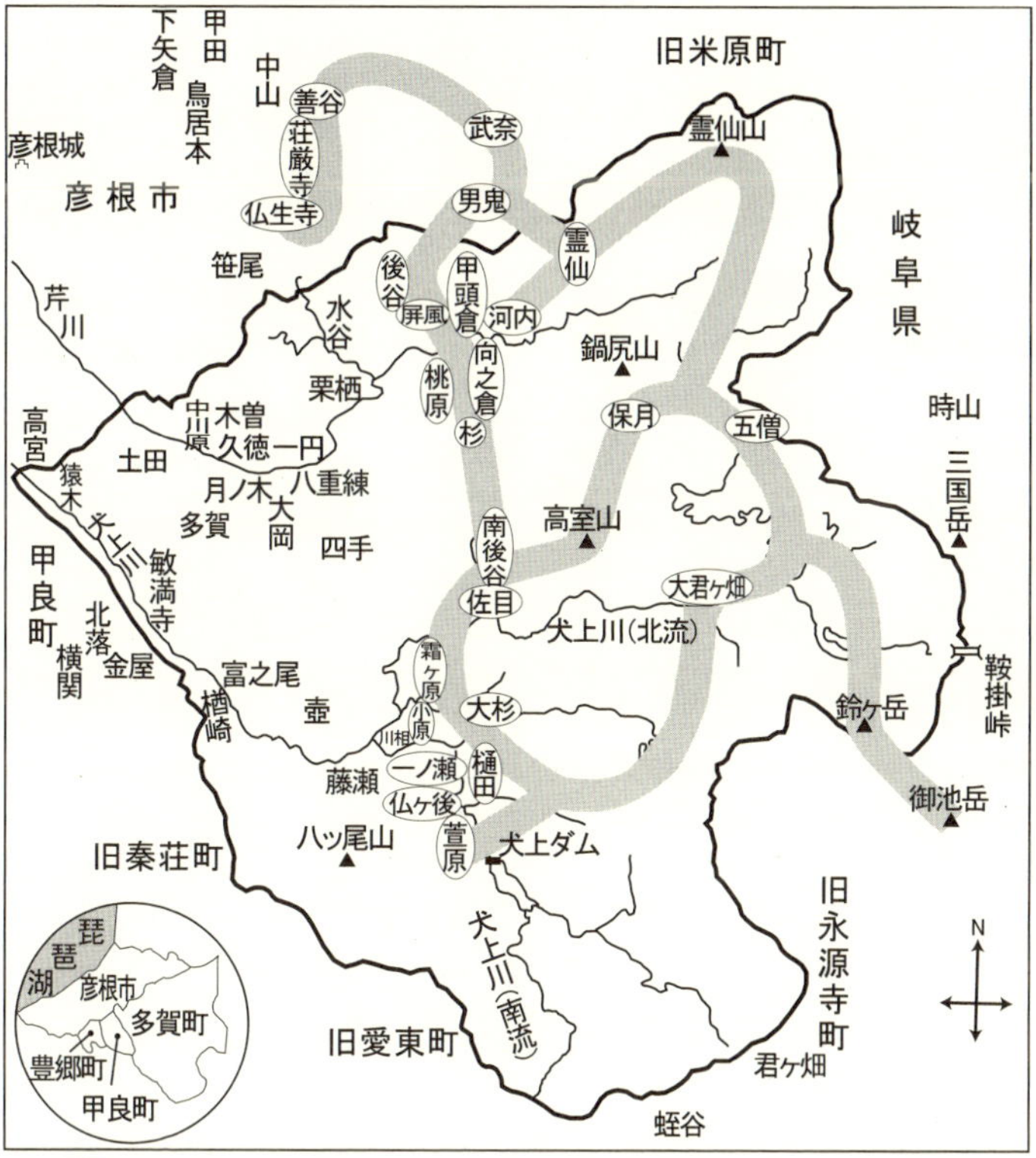

(注)　＝尾根づたいの高原ベルトライン、◯＝ベルトラインとの連携集落。

朝、搾乳されると、群れをなして高原牧場に登っていき、日がな一日、自由に草を食《は》みます。そして日が傾くころ、またひとりでに群れとなって、それぞれの畜舎に戻り、夕方の搾乳が始まるのです。ヤギも牛も搾乳場所に戻る習性があり、それを巧みに利用して、放牧を行います。これは、モンゴルの草原や山岳・砂漠の村で長期にわたって観

筒井庄次さん・初枝さん夫妻（2002年夏）。90歳を越えた今も、廃村寸前の保月集落を見守るように、畑を耕し、ひっそりと暮らしている

察し、体験してきた、モンゴル方式の放牧形態そのものです。

　このように述べると、唐突に思われるかもしれません。しかし、そう遠くない昔、犬上川・芹川流域地域圏《エリア》でも、ヤギや牛は現在よりはるかに身近な存在であったようです。

　芹川上流域、今は廃村寸前に陥った多賀町の保月《ほうづき》集落でうかがった話によると、筒井庄次さん（一九一三年生まれ）・初枝さん（一九二三年生まれ）ご夫妻は、終戦後の七～八年間、雌《めす》ヤギを飼っていました。ふもとの平野部の集落・土田に種ヤギを飼っている方がおり、種つけをさせてもらったそうです。餌《えさ》はイモのつるや葉などいくらでもあり、冬も山中で飼いました。春先に仔ヤギが生まれ、搾った乳は、現代の若者の感覚でいけば、ブルーチーズとかヨーグルトとなるのでしょうが、当時は、うどんなどを煮て食べたそうです。乳量も多く、家で使いきれない分は近所へお裾分けしたと言います。

保月集落の北側にそびえる鍋尻山（標高八三九メートル）の山頂付近には、牛を放牧していました。現在、日本で本格的に行われている山間放牧の先駆的な事例に、北海道旭川市の斉藤晶《あきら》牧場があげられます。この牧場は、蹄耕法《ていこうほう》という独特の方法で注目されてきました。牛を畜舎に閉じ込め、人工飼料を与えて管理するのではなく、広大な山林に放てば、そこを歩く牛の蹄《ひづめ》の圧力で草地の生態に変化がもたらされます。そこへオーチャードグラスなどの牧草の種を適時に播くことによって、しだいに密で安定した絨毯《じゅうたん》のような牧草地がつくられていきます。トラクターなどの機械によって山を削り、牧場を造成する方法とは、まったく対極にある方法です。

ここで提起した尾根づたいの高原牧場ベルトライン構想は、経済効率や規模拡大や生産性や国際競争とはまったく無縁な世界の原理、つまり自然のリズムにあった新しい生産や暮らしの仕組みをめざしています。ヤギや牛たちは、陽が昇ると勝手に高原牧場に出かけ、自由に草を食んで、生い茂る草地にバリカンをかけるかのように牧草地の手入れをし、糞という名の肥料を散布して、陽が落ちるころには、また戻ってくるのです。おまけに乳まで出して、チーズやヨーグルトの原料を人間に提供してくれます。

このベルトラインにつながる谷あいの集落では朝夕に搾乳し、ヨーグルトやチーズをつくって、高原牧場の美味を楽しみます。ゴーダチーズなどは木造の倉庫の棚にねかせ、ときどき塩水で磨き、保管します。こうしてゆっくりと熟成され、時が経てば経つほど味わいに深みが増してくるのです。

伊那谷の家族経営牧場に学ぶ

信州・伊那谷の奥山、長野県下伊那郡大鹿村《おおしか》（人口一二五九人、総面積二四八・三五㎢、森林率八九・三%、二〇〇八年現在）の小林俊夫さんは、一九八〇年代なかば四〇歳になってからスイスに留学。ゴーダチーズのつくり方を学んできました。そして、家族一体となって、ふるさとの雄大な自然のなかに、独特の生産と暮らしの場を創りあげていきます。

一九四五年生まれの俊夫さんは、中学卒業と同時に村を出て、会社勤めをしたものの、二〇代なかばでふるさとに戻りました。そして、父親から一町歩（一ha）の山林を譲り受け、山形県出身の奥さん静子さんとともに、高度経済成長とそれに続く「日本列島改造論」に抗するかのように、標高一〇〇〇メートルの高原に、小さな牧場を切り拓いたのです。二人の小さな娘さんたちも父母といっしょに、家畜の世話や畜舎の掃除、食事づくりなどをして、手伝いました。

初めの十数年は、乳を搾り、そのまま出荷して現金収入を得るという、日本で一般的な酪農を営んでいました。しかし、酪農状勢の変化のなかで、商品経済に浸食され、振り回されながら三六五日拘束される牛飼育の過酷な労働によって、静子さんは病に倒れてしまいます。

これが転機となって、家族が最低限生きていくにはどのような農業のあり方が可能か考えるよ

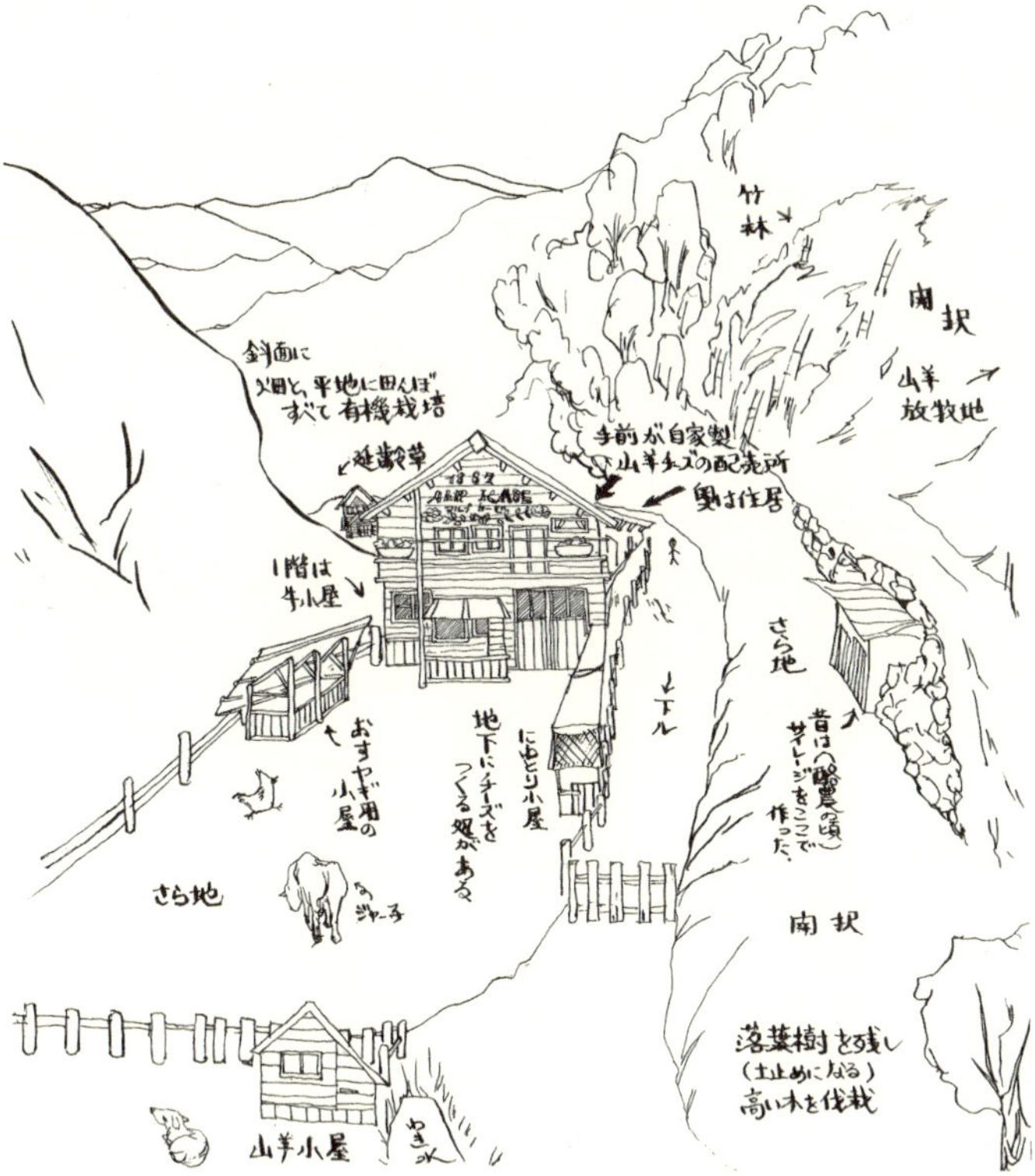

小林俊夫さん・静子さんの家族経営牧場。標高 1000 m の南アルプス山中で、多品目少量生産の多角的小経営を築きあげてきた（画：角尚子）

うになりました。その結果、乳牛とヤギを数頭ずつと、ニワトリ十数羽と、山あいの田畑を組み合わせた、安定した家族小経営にたどり着いたのです。四〇歳からのチーズづくりは、生乳の出荷のみに頼らず、草主体の乳を活かすために試みたものでした。ちょうどそのころ、日本は空前のバブル景気に酔い、飽食の時代を迎えていましたが、

小林さん家族を訪ねたサティシュ・クマールさん夫妻(1989年)。牧場のチーズ工房アルプ・カーゼにて。小林俊夫さん(左端)、サティシュさん(左から3人目)、小林静子さん(左から6人目)、サティシュ夫人(右から5人目)、長女・野花さん(右から2人目)、次女・泉さん(右から3人目)〈撮影：佐藤信一〉

小林さん一家は、かたくなに小規模な家族経営の形態を守ったのです。

娘さんたちは中学卒業後、山中の家から遠く離れた、平野部の高校には進学しませんでした。長女の野花《やおい》さんは、「家にいて、お父さんやお母さんから、もっと学ばせてほしい」と自宅で働きながら勉強。大学に行く代わりにスイスの農村におもむき、グリーンツーリズムの農家民泊の修行をしました。受け入れ先のご家族には、すぐに太鼓判を押してもらえたそうです。農家に生まれ、小さいころから父母とともに働いてきたお陰だと、感謝したと言います。子どもにとって、人間にとって、自然と、家族のなかでの労働が、よき「先生」であったのです。

次女の泉《いずみ》さんは、イギリスの農村に学

びました。それには、イギリス南西部の田舎町にある「スモール・スクール」に学ぶ子どもたちの受け入れを準備する目的もありました。この学校は、ガンジーの思想に深く影響を受け、自然との共生と平和をめざすナチュラリズムの哲学を説く、インド出身の思想家・教育家サティシュ・クマールさんが自らの思想の実践の場として一九八二年に、地域コミュニティの九世帯の保護者とともに開いたものです。全人的発達を促すことを目的とした地域の学校であり、在学者は一一〜一六歳までの約四〇人。八人の生徒に一人の常勤教師がつく、人間サイズの、まさに「小さな学校」です。

サティシュさんはまた雑誌『リサージェンス（再生）』の編集長でもあり、『スモール・イズ・ビューティフル』（一九七三年）で著名なE・F・シューマッハも「仏教経済学」や「ニュー・エコノミックス」など数々の論文を寄稿しました。二人は思想的交流を深め、生産の大規模化と資源浪費の進む工業社会に対していち早く警鐘を鳴らし、世界に大きな影響を与えていきます。

このサティシュさんが縁あって一九八九年、小林さん家族を訪問。数年後、スモール・スクールの子どもたち三十数名が、大鹿村で夏の一九日間を過ごすことになったのです。大鹿村のおばあさんたちは、はるかイギリスからやって来る子どもたちのためにと、自分の畑にナスやトマトなどの苗を数本余分に植えました。そして、心をこめて育て、採れた野菜を持ち寄って歓迎。言葉の壁を越え、心が通う素晴らしい交流になりました。

ところが一九九五年、地元の人びとの反対にもかかわらず、俊夫さんたちの母校・大河原中学校の校舎取り壊しが決定します。小林さんたち有志は、苦労の末にこの校舎を移築し、宿泊施設「延齢草《えんれいそう》」として再生させました。都会から訪れるおとなや子どもたちに、ヤギの搾乳やチーズづくりといった体験学習の便宜も図っています。

訪れる人びとは山や集落を散策し、山と空を間近にのぞむハーブ湯で疲れを癒し、田畑の脇の池に舞うホタルに目を見張ります。そして、もぎたての新鮮な野菜や、搾りたての乳、自家製チーズ、放し飼いのニワトリの地卵、山の湧水を引いてつくった池に放した鱒《ます》、山菜や鹿肉、梅や桃など、山の幸をふんだんに生かした手作り料理に話を弾ませるのです。この施設は、今、母となった野花さんに任されています。小学一年生の娘さんは周囲をのびのびと駆けめぐり遊びながら、都会から来た同年代の子どもたちを自然とのふれあいに誘《いざな》う役割をみごとに果たしていました。

人間は本来、その一身に、「第一次産業」から「第三次産業」、さらには文化・芸術に至るまで、さまざまな能力の萌芽を持ち合わせています。それらを相互に連関させながら遺憾なく伸ばしてこそ、人間は心身ともに伸びやかに生きることができるのです。小林さんご夫妻、そして、そこで育った娘さんたち、お孫さんの三世代の姿は、それを身をもって示しています。このような多品目少量生産にもとづく家族小経営は、農地集約化と大規模化のみが日本の農業を救う道であるかのように推奨されている今日、それとはまったく違う人間性豊かなもうひとつの道があることを、長年にわたる実践から示しているのではないでしょうか。

静子さんは、「自分もまた自然の一部として生きていくことに、最大の価値を見出していきたいと思います」と、しみじみと話していました。そして、俊夫さんは自らの願いをこう語っています。

「大鹿村も他の山村の例にもれず、ダムやトンネルの建設、道路改修工事、土砂採取などに依存してきました。子どもの高校進学は、親たちに現金収入のある農業以外の仕事を迫り、若者もまたそれを機に村を離れていきます。過疎化がすすみ、高齢化率は五〇％を超え、長野県では天竜村に次いで二番目です。私たち家族だけの暮らしが成り立てばよいということではなく、集落全体としていかに甦っていけるかが、一番の課題だと感じています。つまり、いかに山らしい生業《なりわい》を現代に築き、里との産物や人の循環を復活させていけるかです。高山に降った雨は川を流れ下り、平野を潤し、海に至り、やがてまた気流となり、雨となって山にめぐり還ります。自然がやっていることを人間もやればよいのです。山の集落から都市へと流出した人や、その知恵や文化がもう一度、農山村に還元されるようになれば……」

私たちは、「辺境」でひっそりと、しかし着実に積み重ねられてきたこうした実践と思想からこそ、二一世紀の未来につながる大切なものを学ぶ必要があるのではないでしょうか。

発想を根本から変えれば、日本の山のなりわいも様変わりするはずです。若者たちも魅力を感ずる素晴らしい山村に変えていくことができます。尾根づたいの高原牧場ベルトラインは、森に背を向けていた人びとの心をしだいに森へと誘い、荒れ果てて光も入らない暗いイメージの森を明るい森に変えていくでしょう。山あいの集落にも人びとの暮らしが甦り、「森の菜園家族」が形づくられるのです。

杉や檜の針葉樹を徐々に楢やブナなどの落葉広葉樹に植え替え、バランスのとれた森林生態につくりあげていきます。木の実のなる樹種を植えれば、人里に降りてきていた野生の動物たちは安心して広々とした奥山に戻り、のびのびと生きていくでしょう。そして、鈴鹿の山並みは本来もっていた雄大な自然とあいまって、山岳・田園の牧歌的な美しい景観へと変貌するにちがいありません。

こうした変化を犬上川・芹川流域地域圏《エリア》の森林地帯にもたらすためには、人びとの相当な努力が必要です。その努力の向けられるべき中心は、衰退しきった今日の林業家族と、都会からやって来る人びとを、いかにして「森の菜園家族」に甦らせるかに尽きます。そして、「森の菜園家族」を基礎に、「くみなりわいとも」を創出し、衰退寸前の集落を基盤に「村なりわいとも」を確立して、森のなかに二一世紀にふさわしい新しい共同性を復活させなければなりません。

そのためには、ナチュラリズムに立脚した新しい理念と発想のもとに具体的な手立てがなければ、前へは進めないでしょう。このような観点から、次に地域における学校教育のあり方を見直してみたいと思います。

集落衰退に拍車をかけた分校の統廃合

たとえば、廃村寸前にまで追い込まれた保月集落を見てみましょう。犬上川・芹川流域地域圏《エリア》の奥山にあって、小・中学校の分校の果たしてきた役割は、集落の児童・生徒に教科書を教えてきたことにとどまりません。教師がいて、村人たちとの交流があり、計り知れない大きな役割を果たしていました。

しかし、地方自治体の財政面からは、児童数が減れば分校を統廃合したほうが、経済的負担が少なくなります。一九六九年、保月の分校は廃校となりました。それを契機に集落の世帯数は急速に減少し、今では八〇～九〇代の老夫婦の二世帯（一四六ページの筒井さんら）が残るのみで、周辺の森林は荒れ放題の惨憺たる状態です。教師数対児童数という比率だけで考える偏狭な経済効率主義からは、数十年後、森林地帯が今日のような悲惨な状態になるとは、思いもよらなかったのでしょう。

また、経済効率主義からいっても、本当に効率的であったと言えるのでしょうか。いったん廃村になって荒れ果てた集落を再興し、森林地帯を甦らせるには、どれだけの経済的な負担が必要なのか、真剣に考えたとはとても思えません。目先のことだけを解決すれば、それでいいという風潮は、今もまったく改められていないようです。こうした思想や発想こそ、改められなければならないのではないでしょうか。

大君ヶ畑集落も、また然りです。大君ヶ畑分校は、明治八年（一八七五年）創立の時擁《じよう》学校を前身に、一二〇年の長きにわたって、幾多の困難を乗り越え、この山村の人びとの心のよりどころとして存続してきました。戦後、一九五三年には集落の人びとが育てあげた材木で二階建ての校舎を建て、小規模ながらも、のびのびとした学びの場として、人びとに愛されてきました。

ところが、多賀町が設置した一五名の学識経験者・学校教育関係者などから成る多賀町通学区域審議会は、一九八九年三月に答申を発表。これによって、大君ヶ畑分校は九六年三月に廃校と決まったのです。

大君ヶ畑分校(1972年当時)。キツツキの穴がいくつもあった

ふだんはおとなしい集落の人びとも、このときばかりは黙っていませんでした。分校廃校反対を訴えるために、区長さんを先頭にみんなで貼り紙を各所に貼ったのです。はじめての行動でした。それは、大君ヶ畑の人びとが、分校が子どもたちのために、そして住民にとってもいかに大切であるかを、日常の暮らしのなかで身にしみて知っていたからです。反対運動の最終段階で、町役場で村人たちが町長にかけ合ったとき、町長は、「今どき分校ではよい教育はできないので、統合は避けては通れない」と言いました。それに対して、村の人びとは、こう詰め寄ったのです。

「それでは、この分校で学び、卒業したわれわれは、ダメ人間なのか」

花ごよみの発表風景（1971年）。北村敏子先生の指導のもと、子どもたちは野外観察の成果を生き生きと発表（『大君ヶ畑の花ごよみ』多賀町教育委員会発行より）

しかし、結局、交渉は物別れに終わりました。

ここに、『大君ヶ畑の花ごよみ』という冊子があります。これは、分校の北村敏子先生、ついで種村和子先生が指導された、子どもたちの自然観察学習の成果をまとめたものです。冊子の巻頭には、北村先生の次のような文章があります。

「自然の素晴らしさやありがたさに目を向けさせる自然観察学習として〝花ごよみ〟づくりがスタートした。動植物に愛着をもち、花ごよみづくりを通して、科学的な見方・考え方を育てるとともに、郷土の再発見を通して、子供自身に意欲的に探求させたいと取り組んできた。四季を通じて、大君ヶ畑に咲く花を観察し、毎年、一年間の花ごよみとしてまとめている」

村の人びとは、北村先生が子どもたちといっしょに「花ごよみ」づくりをしていると知ってからは、「こんな花がありましたよ」と言って、わざわざ届けるようになったそうです。分校を中心に、実に楽しく賑やかな雰囲気が村中に広がっていたと、人びとは述懐しています。この冊子の表紙には、「昭和四六年～平成七年度」と記されています。そう遠くない昔のことなのです。

分校の先生の活動は、これだけではありません。すでに紹介した民話『幸助とお花』。幸助池とお花ヶ池がある御池岳は、旱魃に悩まされてきた近在の村人たちの雨乞いの対象となってきました。犬上川中流域の山麓に広がる扇状地に位置する甲良町北落《きたおち》集落の人たちは、大君ヶ畑にある白山神社にまずお参りし、大君ヶ畑の案内人を立てて御池岳に登山。山頂の池のほとりで「お花踊り」を奉納したそうです。大君ヶ畑では、雨乞いの踊りは「かんこ踊り」と呼ばれてきましたが、大正二年(一九一三年)以来、途絶えていました。

大君ヶ畑分校の上林よね先生は村の古老たちと力を合わせて、この踊りの復活に取り組み、一九七四年、分校の児童たちによって披露されたのです。その後、桂田賢治先生が熱心な指導を続けられ、分校が廃校となり十二年が経った現在でも、兄弟郷《むら》・北落との交流活動のなかに引き継がれています。

大君ヶ畑の人びとが「それでは、この分校で学び、卒業したわれわれは、ダメ人間なのか」と怒りをこめて反論したのは、自分たちと自分の子どもたちが受けてきた教育に対する強い自負と、分校への愛着の念があったからでしょう。集落にとって分校とは何か、そして、教師の存在と教育活動が地域にどんな意味をもっているのかを、あらためて考えさせられます。

明治という近代日本の草創期に、奥山の集落で産声をあげ、戦後は民主主義の精神を身近な暮らしの現場で育んできた地域の学びの場。日本が「世界第二の経済大国」となったはずのとき、その一二〇年の歴史に幕はおろされたのです。今から考えてみると、何とも愚かなことを、あとさきも考えずにやってのけてしまったものです。

多賀町では、総面積の八五％にあたる広大な森林地帯にある多くの集落を見捨て、大君ヶ畑をはじめすべての分校を廃止して、平野部の本校に統合してしまいました。これでは、若い家族は山を下りるほかありません。分校の廃校とは、「子どものいる若い家族や、これから子どもを産み育てようとする若い夫婦は、この森林地帯には住まなくてもいいのですよ」と宣告されたのも同然だからです。その結果が、跡形もなく消えた集落であったり、お年寄りだけが取り残され、手つかずに荒れ放題になってしまった森にほかなりません。

『幸助とお花』に託された先人たちの〃森と湖を結ぶ流域地域圏《エリア》〃への深い思いは、無惨にも踏みにじられてしまいました。私たちは、先人たちの長い苦闘の歴史からすれば、まさに一瞬のうちに、いとも簡単に、してはならないことをしてしまったのです。生徒数が少ないから廃校にすべきであるという考え方は、根本的に誤っています。それは、従来の固定観念にしばられたまま、児童・生徒に教科書を教えるだけのものとして「学校」を狭く捉えて、教員数対児童・生徒数という単純な指標によって処理した、実に浅薄な実利主義にほかならないからです。

地域における学校の役割

もともと学校は、さまざまな暮らしの局面で地域住民と深くつながっていました。学校が地域の活性化にとってきわめて多様な役割を担ってきたことを、忘れてはなりません。かつて、山形県の山村で教鞭をとられた無着成恭《むちゃくせいきょう》先生の「山びこ学校」や、瀬戸内海・小豆島《しょうどしま》（香川県）の『二十四の瞳』の舞台となった「岬の分教場」、もっと古くは宮沢賢治の花巻農学校（岩手県）などを想い起こすだけでも、学校が地域で果たしてきた役割がいかに大きなものであったか理解できるはずです。先にふれたイギリスのスモール・スクールは、学校のこうした役割を現代に甦らせる先駆的な試みであるとも言えるでしょう。

　ここで、学校が地域で担ってきた役割を積極的に再評価し、さらに強化・充実させなければなりません。児童・生徒の教育と地域づくりという二つの機能からなるものとして、地域社会のなかに明確に位置づけるのです。森林地帯の過疎山村にあってはとくに、この二つの側面をもつ新しい学校が大切となってきています。廃校となったすべての分校を再建し、再建された新しいタイプの学校を集落再生の中核に据え、住民との連携を強めていく必要があるのです。

　週休五日制のワークシェアリングによれば、同額の予算であっても、教員数は倍増されるでしょう。教員にも「菜園」が保障され、集落の人びとともに、教育と地域づくりの活動に主導的な役割を果たしていきます。そして、山村における新しい教育が、新しい教育理念のもとに行われていくのです。知識の詰め込みによる産業のための人材養成ではなく、子どもたちの生きる力を養い、育て、真に子どもの幸せに結びつく全人的教育が模索され、円熟していくでしょう。

　こうした学校は、続出する不登校や少年犯罪とはまったく無縁な、子どもにとって健やかな学びの場に変わっていくにちがいありません。大自然に囲まれ、大地に深く根ざした、ナチュラリズムに立脚する学校で、自由にのびのびと育つ子どもたちの姿を見て、都市からも、森の暮らしを求めて移り住む人たちが増えることでしょう。

二一世紀、都市から森への逆流が始まる

二〇世紀は、都会の生活に憧れて、森から都市へと人びとが流れるように移っていきました。二一世紀は、その逆流が始まる時代です。それを大きな流れにできるかどうかは、「辺境」といわれる広大な森林地帯に、都市にはない独自の優れた教育や文化、そして新しい暮らしをいかに創造するかにかかっています。そのとき、この新しいタイプの学校は、教育、文化、芸術、生産、地域づくり、そして新しい生涯学習の場として、多面的な機能を総合的に発揮するにちがいありません。

そして、広大な森林地帯に点在する廃村集落や過疎化・高齢化に苦しむ限界集落は、この学校を核にして広がる、しなやかで強靱なネットワークのなかで、ゆっくりと甦るでしょう。その集落が荒廃した広大な森林地帯にいのちを吹きこみ、森を甦らせていきます。森の再生は、新しいタイプの学校から始まるといってもいいのです。

広大な森林地帯に点在する学校のリンケージの中核に、「森の匠《たくみ》の学校」とでも呼ぶべき拠点をおくことも考えられます。「森の匠の学校」では、林業の後継者の本格的・系統的な育成と、都市

からの山村留学の受け入れなどに取り組みます。後継者の育成にあたっては、森林管理の分野から木工に至るまで、伝統的な山仕事の継承と発展が主要な課題です。また、山村留学の受け入れによって、山村と都市の交流の活性化がすすむでしょう。こうして、森に点在する各集落の学校や分校と連携しつつ、新しい山村文化の創造と新しい理念にもとづく若い人びとの育成を担い、「森の菜園家族」の形成と地域づくりの中核的な存在としての役割を果たしていきます。

森林地帯に点在する集落内の学校や分校、そしてそれらを結ぶ「森の匠の学校」は、単に児童・生徒の教科教育や職能養成にとどまるものではありません。それらは、〝森と海(湖)を結ぶ流域地域圏《エリア》〟内の森林地帯に散在する集落をつなぎ、森林を再生する拠点として、総合的な機能を発揮するのです。

それらはまた、森林生態系そのものの再生のみならず、上流域の山村から平野部の田園地帯を経て都市部の市街地に至る、流域地域圏《エリア》全域の地域再生と、それを担う人材の育成にとっても、重要な役割を果たします。それらは、身近な地域にあって、自己を鍛錬し、仲間と切磋琢磨しながら、人と人とがともに生きる深い思想を培う、本当の意味での民主主義の学校です。日本の将来を考えるならば、道路やトンネルやダムなどの大型公共事業や軍事費に費やされている莫大な予算は、地域再生の重要なかなめとなるこうした分野にこそ、振り向けられていくべきではないでしょうか。

このような状況をつくり出し、さらに押し上げる究極の力は結局、流域地域圏《エリア》の住民がふだんから蓄積していく主体的な力量です。そうした力量の涵養は、自らの郷土への深い認識から始まります。それが自らを鍛え、やがて自らの地域を変えていく力になるのです。

3　「匠商《しょうしょう》家族」が担う中心街と中核都市

非農業基盤の零細家族経営と中小企業

周知のように、非農業基盤の零細家族経営や中小企業は、日本の商業や工業において、きわめて大きな比重を占めています。細やかで優れた技術やサービスを編み出し、日本経済にとって不可欠な役割を果たしてきました。

にもかかわらず、大企業との取引関係でも、金融面や税制面でも不公正な扱いを受け、経営悪化に絶えず苦しめられ、極限状態にまで追いつめられています。アメリカ発信のグローバリゼーションのもと、アメリカ型経営モデルが強引に持ち込まれ、「消費者主権」の美名のもとに「規制緩和」がすすめられてきました。

地方では、大資本による郊外型巨大量販店やコンビニエンスストア、ファストフードのチェーン店が次々と進出し、零細家族経営や中小企業は、破産寸前の苦境に追い込まれています。犬上

ご夫婦で営む時計屋さん（彦根市佐和町商店街）

川・芹川流域地域圏《エリア》の中核都市・彦根も、例外ではありません。商店街では多くの店のシャッターがおろされ、人影もまばらな閑散とした風景が当たり前のように広がっています。

非農業基盤の零細家族経営には、工業・手工業の家内工場、工芸工房、商業・流通・サービスを担う商店、さらには文化・芸術を担う職種に至るまで、多様な形態が見られます。こうした家族の協力によって成り立つ経営形態は、「拡大経済」下の市場競争至上主義の効率一辺倒の風潮のもとでは、とるに足らない、経済成長には役に立たないものに映るかもしれません。しかし、零細家族経営によって支えられる地域社会は、高度経済成長期以前にあっては、「下町」として生き生きと息づいていました。

それは、循環型社会にふさわしいゆったりしたリズムのなかで、人びとの心を豊かにし、和ませてきたのです。流通は緩慢で非効率的であったけれども、人と人がふれあい、心が通い合う楽しい暮らしでした。時間にせき立てられ、分秒を競うせかせかした暮らしは、そこにはありません。

高度経済成長によってもたらされたものは、市場競争と効率を至上とみなす、プラグマティズムの極端なまでに歪められた、拝金・拝物主義の薄っぺらな思想でした。人びとの心の奥深くまでしみ込んだこの思想は、人間にとって大切な農地や森林、ものづくり・商いの場といった生きる基盤や、人と人とのふれあいをないがしろにして、農山村や都市部のコミュニティを破滅寸前にまで追い込んだのです。

私たちが、未来にどんな暮らしを望むのかによって、社会のあり方の選択は決まります。「菜園家族」構想は、差し迫った地球環境の限界からも、人道上も、アメリカ型「拡大経済」が許されるものではないとする立場から、循環型共生社会への転換をめざしています。そして、多くの人びとが今、切実に望んでいるのは、人間の心をうるおし、心が育つ暮らしです。であるならば、なおさら私たちは、ないがしろにされてきた零細家族経営や中小企業が成り立つ、かつての循環型の人間味豊かな地域社会を見直し、巨大企業優先の今日の経済体系に抗して、その再生をはからなければならないのではないでしょうか。

「匠商家族」と、その「なりわいとも」

これまで、週のうち五日は家族とともに農業基盤である「菜園」の仕事に携わり、残り二日は従来型の職場に勤務して応分の現金収入を得ることによって自己補完する形態を「菜園家族」と呼んできました。そして、広義の意味では、狭義の「菜園家族」に加え、非農業部門(工業・製造業や商業・流通・サービスなどの第二次・第三次産業)を基盤とする自己の家族小経営に週五日携わり、残りの二日を従来型の職場に勤務するか、あるいは自己の「菜園」に携わることによって自己補完する家族小経営も含めて、これらを総称して「菜園家族」と呼んできました。

ここでは、後者の家族小経営を、狭義の「菜園家族」と区別する必要がある場合に限って、「匠商家族」と呼ぶことにします。

「菜園家族」構想は、人間の暮らしのあり方を根底から問い、農山村においても、都市部においても、「菜園家族」や「匠商家族」を基盤にして、地域の再生をめざそうとするものです。そこにおいて「匠商家族」は、変革を担うもう一つの大切な主体となるべきものであり、「菜園家族」と「匠商家族」は、いわば車の両輪ともいうべきものです。

これまでは、農業を基盤とする狭義の「菜園家族」を基礎単位にして成り立つ「なりわいとも」について考えてきました。ここでは、工業や商業・流通・サービス分野を基盤にした「匠商家族」と、それを基礎単位に成立する「なりわいとも」について考えてみましょう。

狭義の「菜園家族」の「なりわいとも」は、近世の〝村〟の系譜を引く集落を発展的に継承し、農業を基盤とする性格上、自然の立地条件に規定されます。それゆえ、〝森と海(湖)を結ぶ流域地域圏《エリア》〟の奥山の山間部から下流域の平野部へと、「村なりわいとも」「町なりわいとも」「郡なりわいとも」というように、ある意味では地縁的に団粒構造を形づくりながら展開していきます。一方、「匠商家族」の「なりわいとも」は、それと同じではありません。

農業を基盤とする狭義の「菜園家族」の「なりわいとも」とはかなり違った、独自の「なりわいとも」の地域編成になるでしょう。一口に第二次産業の製造業・建設業の分野、第三次産業の商業・流通・サービス業の分野といっても、職種も業種も多種多様です。したがって、「匠商家族」の「なりわいとも」は、職種による職人組合的な「なりわいとも」であったり、同業者組合的な「なりわいとも」であったり、あるいは市街地の商店が地域的・地縁的に組織する商店街組合のような「なりわいとも」であったりします。

まず、今日の行政区画上の市町村の地理的範囲内で、職人組合的な「町・村なりわいとも」や同業者組合的な「町・村なりわいとも」、あるいは商店街組合的な「町なりわいとも」がそれぞれ形成されます。そして、それらを基盤にして、〝森と海(湖)を結ぶ流域地域圏《エリア》〟全域(郡)の規模で、「郡なりわいとも」が形成されるのです。この「郡なりわいとも」は、対外的にも大きな力を発揮するでしょう。

巨大企業の谷間であえぐ零細家族経営だけではなく、中小企業がおかれている状況も同じです。流域地域圏《エリア》の自然資源を活かし、地域住民に密着した地場産業の担い手として、中小企業を育成していかなければなりません。零細家族経営と中小企業が同じ〝森と海(湖)を結ぶ流域地域圏《エリア》〟にあって連携を強めることによって、相互の強化・発展が可能になります。中小企業の「なりわいとも」への参加をどう位置づけ、両者がいかに協力し合っていくのか。これは、今後研究すべき重要な課題として残されています。

放置された巨大資本の専横、それを許してきた理不尽な政策。そのなかであえぎながら、人びとは自らの生活の苦しみと悪化する地球環境に直面して、ようやく本当の原因がどこにあるのかを突きとめ始めました。土壇場に追いつめられながらも、何とか足を踏ん張り、反転への道を探ろうとしています。人間の欲望を手品師のようにあやつりもてあそぶ、市場競争至上主義の「拡大経済」という名の巨大な怪物に対置して、人間精神の復活と、自由と平等と友愛をめざし、自らが築く自らの新たな体系を模索していかなければなりません。

「匠商家族のなりわいとも」の歴史的使命

本来、都市とは、ある一定の地域圏《エリア》内にあって政治・経済・文化・教育の中核的機能を果たし、人口の集中したその区域のみならず、地域圏《エリア》全域にとっても重要な役割を担います。古代ギリシャ・ローマにおいては国家の形態をもち、中世ヨーロッパではギルド的産業を基礎として、ときには自由都市となり、近代資本主義の勃興とともに発達してきました。こうした都市の発展の論理には、一定の普遍性が認められます。特定の国や地域の都市の考察においても、この普遍的論理は注目しておかなければなりません。

ギルドは、よく知られているように中世ヨーロッパの同業者組合です。封建的貴族領主や絶対的王権に対抗して、同業の発展を目的に成立しました。まず商人ギルドが生まれ、手工業者ギルドが派生します。こうして台頭してきた新興勢力は、都市の経済的・政治的実権をも掌握し、中世都市はギルドにより運営されるようになりました。しかし、近代資本主義の勃興によって、ギルド的産業システムは衰退し、都市と農村の連携から地域のあり方までが激変していきます。それは、まさに中世・近世によって培われて高度に円熟した、循環型社会システムそのものの衰退によるものです。

それでは、現代は歴史的にどんな位置に立たされているのでしょうか。まぎれもなく、この循環型社会の衰退過程の延長線上にあるといわなければなりません。

今日のアメリカ型「拡大経済」は、この延長線上にあって、商業や工業における零細家族経営から弱小な中小企業に至るまで、ありとあらゆる小さきものを破壊していきます。企業や銀行などあらゆる経済組織は、再編統合を繰り返しながら巨大化の道を突きすすみ、大が小を従属させる寡頭支配の論理を貫徹してきました。東京など大都市に本社をおく巨大企業は地方にもそのネットワークを広げ、地方経済を牛耳ることになります。地方はますます自立性を失い、中央への従属的位置に甘んじざるをえない事態に追い詰められていくのです。

「菜園家族」構想は、こうした流れに抗して地域の再生をめざします。そうであるならば、中世や近世の商人・手工業者が自衛のためにギルドをつくったように、今日のアメリカ型「拡大経済」下の巨大企業や巨大資本に対抗して、流域地域圏《エリア》内における商業・手工業の家族零細経営が「匠商家族」という新しいタイプの都市型家族小経営に生まれ変わり、それを基盤に「匠商家族のなりわいとも」を結成するのは、ある意味では歴史の必然であるといっていいかもしれません。

ギルドは中世および近世の循環型社会にあって、きわめて有意義かつ適合的に機能していました。「菜園家族」構想が近世の円熟した循環型社会への回帰の側面をもつ以上、「匠商家族のなりわいとも」の生成は、当然の帰結でしょう。そして、巨大化の道を突きすすむグローバル経済が席捲する今、この「匠商家族のなりわいとも」が、前近代の中世ギルド的な〃共同性〃に加え、資本主義に対抗して登場した近代的協同組合《コープラティブ・ソサエティ》の性格をも合わせもつ、二一世紀の新しいタイプの都市協同組織として現れるのは、歴史の必然といわなければなりません。地方中小都市の未来は、こうした「匠商家族のなりわいとも」を市街地にいかに隈なく組織し、編成するかにかかっているのです。

犬上川・芹川流域地域圏《エリア》における「匠商家族」と、その「なりわいとも」

このように見てくると、〃森と湖を結ぶ犬上川・芹川流域地域圏《エリア》〃の広がりのなかで、中核都市・彦根の市街地をはじめ、多賀町、甲良町、豊郷町の中心街においては、「匠商家族」をいかにして創出するかが第一の課題になります。そのためには、商業・工業・サービス業部門の家族小経営を営む家族が週に二日間、従来型の職場に勤務するか、「菜園」に携わることができる条件を整えることが必要です。

前者のように、従来型の職場に週二日勤務し、応分の現金収入を得て自己補完する場合には、主として流域地域圏《エリア》内における週休五日制のワークシェアリングによって、週二日分の勤め口を確保しなければなりません。これは流域地域圏《エリア》内の世論の理解が深まるなかで、住民・行政・企業の三者協議にもとづく自治体の的確な支援政策とあいまって、促進されていくでしょう。

後者のように「菜園」による自己補完を希望するケースも、こうした家族を育成するために行政サイドからも施策を講じて、積極的に「菜園」の確保に努力しなければなりません。大都市と違って地方都市の場合は、市街地でも田畑は残されており、周辺には耕作放棄されている農地も随所に見かけるので、可能性は十分にあります。今後、一市三町において、これまでのような無計画な都市開発をやめ、市民農園のための農地の確保を念頭におき、長期的ビジョンのある都市計画・土地利用計画をしっかり立て、実施することが大切です。

いずれにせよ、商業・工業・サービス業部門の家族小経営の現状を詳細に明らかにし、大企業や中小企業、そして行政・学校・文化・医療・社会福祉などの公共機関の雇用状況、さらには市街地内や近隣農地の実態の把握から始めなければなりません。地域の実態を総合的に明らかにするために都市部においても、住民・市民による「郷土の点検・調査・立案」の連続螺旋円環運動を長期にわたって展開する必要があります。この運動が展開されるなかで住民や市民の知恵は結集され、「匠商家族」創出の具体的な方策も含めて、明らかになるにちがいありません。

肝心なのは、森と湖を結ぶ犬上川・芹川流域地域圏《エリア》全域を視野に入れ、市街地の「匠商家族のなりわいとも」が、田園地帯に広がる〝野〟の「菜園家族のなりわいとも」や、森林地帯に展開する〝森〟の「菜園家族のなりわいとも」との連携を強化していくことです。そして、この三者による柔軟にして強靭な「なりわいとも」ネットワークを、流域地域圏《エリア》全域に張りめぐらしていく必要があります。この基盤の上に、〝森〟と〝野〟と〝街〟をめぐるヒトとモノとココロの交流の循環が始まるのです。こうしてはじめて、市場競争至上主義の「拡大経済」に対抗して、相対的に自立したまとまりある循環型の地域経済圏の基底部が、徐々に築きあげられていきます。

犬上川・芹川流域地域圏《エリア》全域に展開されるこうした「なりわいとも」ネットワークのなかで、重要な結節点としての役割を果たすのが、中核都市・彦根の市街地です。近世の城下町以来の政治・経済・文化・教育の伝統や都市機能の集積を継承しつつ、彦根は、ヨーロッパ中世に典型的に現れた周縁農村地帯を包摂した循環型都市に回帰していくことになるのかもしれません。しかし、それが決して単に前近代の低次の段階に戻るのでないことは、言うまでもありません。

第3章では、「菜園家族」を育むゆりかごとなるべき〝森と海(湖)を結ぶ流域地域圏《エリア》〟の再生の基本方向を、犬上川・芹川流域地域圏《エリア》を地域モデルに、具体的な問題にふれて提示してきました。この初動の作業仮説(=立案)が契機となって、さまざまな角度からの意見が出され、自由闊達な議論を通じて、いっそう豊かな地域の未来像が描かれていくことを願っています。そうした議論こそが、地域の未来を切りひらく、確かな第一歩になるでしょう。

第4章 地域再生に果たす国と地方自治体の役割

市場原理が徹底して貫徹している一国の経済体制のただ中に「菜園家族」を創出し、これまでに想定してきたような、いわば異質とも言うべき、相対的に自立度の高い自然循環型の経済圏を構築するということは、言うまでもなく容易ではありません。したがって、国と地方自治体が格別に大きな役割を果たさなければならないことになります。

国と地方自治体の施策については、第2章で提起したCSSKメカニズムを有効に活用していくことが大切です。この章では犬上川・芹川流域地域圏《エリア》を想定し、国や地方自治体の果たすべき具体的な役割と、「菜園家族」時代の地方自治のあるべき姿について、現段階で考えうる重要な点を述べていきたいと思います。

1　公的「土地バンク」の設立——農地と勤め口（ワーク）のシェアリング

「菜園家族」構想を実現していく最初の段階で、まず、国や地方自治体が直面する重要課題は、「菜園」、つまり農地の確保と、週休五日制によるワークシェアリング制度の確立です。両者を相互に関連させて、もう少し掘り下げて考えてみましょう。

週休五日制による三世代「菜園家族」が形成されるためには、家族構成に見合う形で、一定の農地が恒常的に確保され、保障されなければなりません。初期段階では、さまざまなケースが考えられます。

兼業農家の場合は農地をすでに保有しているので、若い後継者に週二日の従来型の「勤め口」(ワーク)が保障されさえすれば、比較的スムーズに「菜園家族」への移行が可能です。また、都会に生活している家族でも、田舎の実家に高齢の両親がいて、農地や家屋がある場合には、実家に戻って週二日の従来型の「勤め口」が確保できさえすれば、同じようにスムーズに移行できます。この二つのケースが着実に促進されれば、〝森と海(湖)を結ぶ流域地域圏《エリア》〟上流域の森林地帯の過疎・高齢化の問題は、おおいに解決の方向へと動き出すでしょう。中流域から下流域にかけての田園地帯でも、同様です。

サラリーマンで農地をまったくもたず、農村に親戚や知人などの身寄りもない人が「菜園家族」を希望するケースも、これからは多いでしょう。そのとき農地をどう保障するのか、しっかりした土地活用制度の確立が不可欠です。農地をもつ兼業農家の場合も、住んでいる家屋の近くに農地が配置されているかどうかが、家畜などを含む多品目少量生産を楽しむ「菜園家族」にとってはきわめて重要です。また、家族構成の変化に応じて農地が柔軟に再配分されるシステムが大切になります。

こうした問題を解決するためには、個々人の間で個人的に農地を融通し合うよりも、市町村レベルの自治体が、公的な「土地バンク」を設立し、その保証と仲介によって農地を有効かつフレキシブルに活用できる体制を早期につくりあげることが必要です。都会から新規に就農を希望する若者や団塊世代にとっても、公的「土地バンク」のもつ意義は大きいでしょう。

この公的「土地バンク」は、事前に地域の実情を十分に調査したうえで、計画・立案されなければなりません。そして、第2章第4節で述べた国および都道府県レベルに創設される公的機関「CO_2《(C)》削減と菜《(S)》園家族創出の促進《(S)》機構《(K)》」（略称CSSK）との連携のもとに、市町村が実施する「菜園家族」創出促進事業の支援や個々の「菜園家族」が必要とする「菜園家族インフラ」への直接的経済支援（助成金や融資など）を行います。

週休五日制によるワークシェアリングについては、〃森と海（湖）を結ぶ流域地域圏《エリア》〃内の中小都市にある小学校・中学校・高校・大学・保育園・幼稚園・病院、市役所・町村役場・図書館・文化ホール・福祉施設などの公的機関、民間企業、諸団体などありとあらゆる職場にわたって、まず、「勤め口」の詳細な実態を把握することが大切です。そのうえで、週休五日制によるワークシェアリングの可能性を具体的に検討し、素案を作成しなければなりません。

そのために、民間企業や公的機関の職場代表、後述する流域地域圏《エリア》自治体（郡）や下位レベルの自治体（市町村）、それに広範な住民の代表から構成される、農地と勤め口のシェアリングのための三者協議会（仮称）を発足させます。この協議会が「点検・調査・立案」の活動をスタートさせ、三者による農地と勤め口のシェアリング実施の基本協定を結ぶのです。

週休五日制によるワークシェアリングは、公的「土地バンク」の設立とその活動に、密接に連動します。というのは、後継者確保に悩む兼業農家が余剰農地を公的「土地バンク」に委譲する際、その代償として、息子や娘に週二日の〝従来型の仕事〟を斡旋する仕組みになっていれば、息子や娘は次代の三世代「菜園家族」としての基盤を得ることになるからです。こうして、農地所有者から公的「土地バンク」への余剰農地の委譲は、スムーズに促進されていくでしょう。一方、農地をもたないサラリーマンも、自らのワークシェアリングによって、公的「土地バンク」を通じて農地の斡旋を受けることになります。

したがって、公的「土地バンク」は、農家にとっても、これから農地を必要とするサラリーマンにとっても、「菜園家族」的な暮らしに移行するにあたって、なくてはならない重要な役割を果たしていくでしょう。

もちろんこれは、社会経済の客観的情勢の変化にともなって、「菜園家族」構想が地域住民の圧倒的多数によって支持されることが大前提です。ただし、この前提は、手をこまねいているだけで自然に成立するものではありません。住民・市民による「郷土の点検・調査・立案」の日常不断の連続螺旋円環運動と、それに伴う地域認識の深化と地域変革主体の形成によってはじめて、準備されます。こうした広範な市民的・国民的運動の高まりのなかで、地方自治体が主導性を発揮して農地問題を解決すれば、週休五日制によるワークシェアリングが確立されていくでしょう。

日本の農家一戸あたりの農地の平均面積は、一・八ヘクタールと、アメリカ（一七八・四ヘクタール）の一〇〇分の一です。フランスの四五・三ヘクタールや、イギリスの五七・四ヘクタールなどEU各国と比べても、規模の小ささが際立っています。貿易自由化交渉で焦点となっているオーストラリアに至っては、日本の一九〇〇倍もの規模(三四二六・〇ヘクタール)です。農業経営の側面から見ても、農業とは人間にとって何かを本源的に再考してみても、日本には日本独特の地形的・自然的条件と、社会的・歴史的背景があります。それにマッチした、独自の農業のあり方を追求すべきです。

農を単なる「農業問題」に矮小化するのではなく、都市住民を含めた全国民的な広い視野から、人間復活をめざす新たな課題として位置づけ、根本から考え直さなければならないときに来ています。「菜園家族」構想にもとづく週休五日制のワークシェアリングと密接に連動する公的「土地バンク」は、この課題解決へのひとつの具体的な提案でもあるのです。欧米諸国との単純な比較によって、短絡的に農地規模の拡大化路線を走る今日の流れに歯止めをかけなければ、農村のみならず、都市の暮らしの行き詰まりの打開は望めません。

すべての農家、そして、広く都市住民の生活と命運にもかかわるこの重要な国民的課題を、ごく一部の政治家や官僚や「学者」に委ねていいわけがありません。私たちのいのちと暮らしを根底で支えている日本農業は、重大な岐路にさしかかっています。広く国民的議論を展開し、日本独自の道を探るべきではないでしょうか。

２　「菜園家族」のための住宅政策――戦後ドイツの政策思想に学ぶ

「菜園家族」構想は、近代資本主義の形成とともに衰退した家族を生産手段との「再結合」によって再生しようとするものです。したがって、人間活動の基軸は、企業などの職場から「家族」や「地域」の場に移り、「菜園」と並んで住宅が、これまでになく主要な場になります。この問題においてもまた、国や地方自治体の政策がいかに大切であるかを理解するために、第二次世界大戦直後、戦後復興のきわめて困難な時期に当時の西ドイツで打ち出された住宅政策や都市計画・国土政策を想いおこす必要があるでしょう。

戦後、Ｗ・レプケらの地域主義の基本理念に立って政策を推進した西ドイツ政府は、国や社会の繁栄の基礎は家族にあるとして、家族が安心して平和に暮らせるためには、何よりもしっかりとした住宅の整備から始めなければならないと考えました。「社会の基軸に家族をおく」ということの考え方は、〝森と家族の共生〟という、森の民としてのゲルマン民族独自の伝統的思想を受け継いだものである、と言われています。

この基本的な考えにもとづいて、住宅政策が進められていったのです。敗戦直後の厳しい財政事情にもかかわらず、公的財政支援を行なって、住宅耐久年数一〇〇年という建築基準を定め、一〇〇年間の長期無利息で、建築に必要な資金の七〇%を融資する制度を実施しました。つまり、親子三代にわたる長期無利息の返済制度です。その結果、緑に囲まれ、自然の景観に調和した、美しくどっしりとした住宅が次々に建てられていきました。

高度経済成長期の日本において、その場しのぎの政策によって、狭い土地に密集して住宅が建てられていくのを見て、西ドイツの元首相シュミットが「ウサギ小屋」と評したのとは、たいへんな違いです。それは、住宅そのものが貧弱であるということ以上に、高度成長期の日本人の考え方、とりわけ国や地方自治体の政策の根幹をなす思想そのものが問われているということなのです。

こうした反省に立って、「菜園家族」構想は住宅問題を重視しなければなりません。三世代「菜園家族」の活動にふさわしい、多品目少量生産を楽しめる、のどかな「菜園」に囲まれ、何代にもわたって住むことができる耐久性のある、快適でどっしりとした家でなければならないのです。それも、日本の風土に適していなければ、快適であるはずがありません。この点では、伝統的な日本の木づくりの民家や農作業に適した農家の構造に多くを学ぶことになるでしょう。

犬上川・芹川流域地域圏《エリア》に隣接する旧八日市《ようかいち》市(二〇〇五年二月、市町村合併により東近江市)の建築家・池田博昭さんは、「淡海《おうみ》里の家事業協同組合」の仲間たちとともに、「近くの山の木で家を建てる」をテーマに、大工さん、左官屋さん、建具屋さん、製材や木材乾燥などの建築関係者と連携して、市民とともに学習会や現地見学会などを続けています。また、山林地主や森林組合の

県産材住宅見学会（滋賀県八日市の池田博昭さんたちの活動）

（出典）滋賀で木の住まいづくり読本制作委員会『滋賀で木の住まいづくり読本』海青社、2005年。

人たちとともに山に入ったり、木材流通の実態も勉強しています。滋賀県内に豊富にある森林資源を活用し、伝統構法を活かして、建築主の思いを共有した魂のこもった家づくりができるように、研鑽を続けているのです。

このような先駆的な活動は、近江国全体からすれば、まだまだ小さなものとはいえ、各所で着実に動き出しています。犬上川・芹川流域地域圏《エリア》でも、奥山の森から材木を切り出し、乾燥させ、地元の建築家や大工さんたちの手で、木づくりの「菜園家族」や「匠商家族」の家を建てる時代がやってくるにちがいありません。そうなれば、森にやりがいのある山仕事が増え、「森の菜園家族」が徐々に復活し、限界集落や廃村に追い込まれた集落もしだいに甦っていくでしょう。

今日の段階では、地方自治体や国は、二一世紀の先の先まで見通したこうした新しい動きの意義を認め、本気になって支援する点で、まだまだ遅れています。市町村に設立される公的「土地バンク」は、国および都道府県レベルに創設されるCSSKとの連携のもとに、「菜園家族インフラ」の主要な要素である住居家屋について、積極的な経済支援を行わなければなりません。

第二次大戦後の西ドイツが行なったような無利子一〇〇年ローンの住宅融資を実施したり、地方中核都市の下町や過疎農山村における古民家の改修整備への経済支援、空き家の斡旋をしたりするなど、CSSKメカニズムのもとに公的「土地バンク」がきめ細やかな支援を行えば、近くの山の木で家を建てる動きは着実に前進するでしょう。そして、こうした施策は、住宅政策にとどまらず、流域地域圏《エリア》の森林地帯を甦らせ、さらには流域地域圏《エリア》全域に、二一世紀の循環型共生社会への展望を切り開く、確かな糸口になるのです。

3 新しい地域金融システムと交通システムの確立

〃森と海（湖）を結ぶ流域地域圏《エリア》〃が相対的に自立度の高い経済圏として成立するためには、どのような前提が必要になるかを、もう少し考えてみましょう。

長期的展望に立った流域地域圏《エリア》の基本構想を立案し、それを計画的に実行していくためには、後述する森と海（湖）を結ぶ流域地域圏《エリア》自治体（郡）ともいうべき体制を整える必要があります。そして、今日の税制のあり方を抜本的に改革した地方自治体の財政自治権の確立が不可欠の課題です。そのうえで、CSSKとの連携を強化しつつ、流域地域圏《エリア》自治体（郡）が自らの判断で「菜園家族インフラ」への的確な公共投資を計画的に行えるような、地域政策投資のシステムを確立しなければなりません。

また、相対的に自立度の高い経済圏が成立するためには、流域地域圏《エリア》内でのモノやカネやヒトの流通・交流の循環の持続的な成立が大切です。そのためには、流域地域圏《エリア》内での生産と消費の自給自足度、つまり地産地消の水準が、可能なかぎり高められなければなりません。そして、地域融資・地域投資の新しい形態として、土地とか建物を担保にしてお金を貸す従来型のバンクではなく、事業性や地域への貢献度から判断してお金を貸す、本当の意味でのコミュニティ・バンクの創設が肝心です。そして、地域通貨を導入して、自立的な経済圏を支える経済システムを整えていく必要があります。

今日では、地域住民一人ひとりの大切な預貯金は、最終的には大手の都市銀行に吸いあげられ、都市銀行にとって投資効率のよい、流域地域圏《エリア》外の重化学工業やハイテク産業や流通業など第二次・第三次産業の分野に融資されています。農業や林業や零細家族経営や中小企業のような本質的に生産性の低い、しかしながら流域地域圏《エリア》の自然環境や人間の生命にとって直接的に大切な分野には、なかなか投資されません。これは、まさに市場原理至上主義によるものです。こうした状況を放置すれば、いつまでたっても地域経済の建て直しはできないでしょう。

ヨーロッパは、日本とはかなり事情が違うようです。イギリスやオランダやドイツでは、経済的利益だけではなく、環境・社会・倫理的側面を重視して活動する金融機関「ソーシャル・バンク」が存在し、おもに個人から資金を預かり、社会的な企業やプロジェクト、チャリティ団体やNPOなどに投融資を行い、社会的にも重要な役割を果たしています。こうした金融機関では、通常の預金や融資、投資信託などとは異なり、資金提供者が重視する価値を実現するための仕組みが金融商品や資金の流れに組み込まれています。地域づくりや環境保全において、相互扶助を基本理念に今日的な「意志あるお金」の流れの活性化に貢献しています。

公的機関から認証を受けたプロジェクトには優遇税制があるために、個人預金者や投資家は低い金利や配当でも受け入れるようになっています。それは、表面上の預金金利が低くても非課税措置があるため、預金者の実際の手取り額は通常の預金とほぼ同じとなるからです。また、融資先のプロジェクトは認証を受けることで、調達コストの低い資金を原資として、通常よりも低い金利で融資を受けることができる仕組みになっているのです。

このようなソーシャル・バンクが存在している要因はいろいろ考えられますが、歴史的には、イギリス産業革命以来の協同組合運動の発祥の地としての伝統的広がりがあげられるでしょう。近年は、EU統合下における金融環境や社会問題を背景に、公的部門でも営利部門でもない民間非営利部門が発達しているという事情もあります。

日本でも、信用組合や信用金庫があるにはありますが、実際には金融庁の統括のもとにあって、大銀行と同じような規制でしばられています。小規模の事業に対する融資や補助金の斡旋がきわめて不十分であると言わざるをえません。とはいえ、過去において、金融の相互扶助の伝統が皆無であったわけではありません。前近代の循環型社会において、とりわけ室町時代から江戸時代にかけて各地の農村で盛んであったといわれている「頼母子講《たのもしこう》」は、相互扶助的な金融組合でした。組合員が一定の掛け金をして、一定の期日にくじまたは入札によって所定の金額を順次、組合員に融通する仕組みだったといわれています。

今日の中央集権的・寡頭金融支配のもとでは、「菜園家族」や「匠商家族」が〝森と海(湖)を結ぶ流域地域圏《エリア》〟を舞台に、新しい相互扶助の精神にもとづく協同組織「なりわいとも」を結成し、流域地域圏《エリア》の再生をめざして活動を開始しようとしても、その芽はことごとく摘まれてしまうでしょう。原初的な相互扶助の精神に支えられた金融機関の伝統が日本にもあったことを考えるとき、二一世紀の未来に向けて、地域における新しい金融のあり方を模索し、その可能性をもっともっと広げていくべきです。

前近代に胚胎していた伝統的精神を活かし、ヨーロッパの優れた側面を取り入れながら、「菜園家族」構想独自の金融システムを地域に確立して、顔の見える相互扶助の地域経済をつくっていかなければなりません。

コミュニティ・バンクのような、比較的大きな財政的支援を必要とする金融機関の創設については、流域地域圏《エリア》自治体(郡)だけではなく、広域地域圏すなわち都道府県レベルとの連携共同による支援体制が必要です。そのシステムが確立されれば、巨大都市銀行に頼ることなく、住民一人ひとりの小さな財力を、新しい独自の金融・通貨システムを通じて地域に還流させることが可能になるでしょう。住民自らが新たにつくり出したこの新しい金融・通貨システムを通じて、住民は自らの地域経済の自立のために、ささやかながらも常時貢献する道が開かれるのです。

〝森と海(湖)を結ぶ流域地域圏《エリア》〟に創設されるべきコミュニティ・バンクにとって大切なことは、活動の理念の明確化です。つまり、流域地域圏《エリア》を「菜園家族」構想にもとづき自然循環型社会に再生させ、人間復活をめざす活動の支援に徹するという理念です。そのうえで、融資先の明確化と持続的な支援活動が重要になります。

まず、農地、住居、水利など「菜園家族インフラ」の整備を基軸に据えながら、有畜複合農業、有機農業、有機食品加工、森林保全・育成、再生可能エネルギーの研究・開発などへの支援を行います。また、社会的ビジネス支援としては、製造、販売、専門サービス、観光・交流、文化・社会支援としては、教育・保育、医療、福祉、芸術・文化、まちづくり、商店街の活性化などがあげられるでしょう。

コミュニティ・バンクは、こうした零細家族経営や中小の事業を支援することによって、地域のきめ細やかな雇用づくりにも寄与するのです。もちろん、これらコミュニティ・バンクの支援活動は、CSSKメカニズムとの連携のもとで相互補完しつつ、両者それぞれの特性を活かしながら進めていくことになります。

また、個人預金者を中心とする資金提供者の「お金に対する意志」を尊重するために、融資先の情報や融資原則の公表が大切です。預けたお金の使われ方の情報開示と透明化によって、地域住民の当事者意識が高められ、それが「地域のために」という心を育て、地域の活性化にもつながっていきます。さらには、投融資先分野の指定など、「お金の使われ方」に住民が関与する民主的で恒常的な方法・システムを確立しなければなりません。そのためには、社会的事業に対する融資審査のスキルも、諸外国の事例を研究し、蓄積していくことが必要でしょう。

もちろん、コミュニティ・バンクの創設とその運営、そしてそのありようは、「菜園家族」を基調とするＣＦＰ複合社会がどのように展開し、円熟していくかによって変わっていきます。こうしたコミュニティ・バンクを強化し、ＣＦＰ複合社会を発展させていくことによって、資本主義セクター(Ｃ)内の従来型の巨大都市銀行も、しだいに自然循環型社会に適合したものに変質せざるをえなくなるでしょう。

物流に関していえば、流域地域圏《エリア》内に含まれる彦根市の市街地や多賀、甲良、豊郷の三町の中心街の各所に定期的な青空市場を設置するなど、近郊農山漁村の「菜園家族」の余剰農産物を流通させるシステムをつくり出す必要があります。

日本は先進諸国のなかでも、長距離輸送による食糧・木材供給への依存度が異常なまでに高い国です。地産地消システムの確立は、フード・マイレージ(図４─１)、ウッド・マイレージの観点から、CO_2排出量の削減にも、おおいに寄与するでしょう。「森の菜園家族」や「野の菜園家族」、そして「匠商家族」による「なりわいとも」は、こうしたシステムづくりを担う重要な役割を果たします。同時に、外部大資本による郊外の巨大量販店の規制によって、零細家族経営や中小業

図 4─1　各国のフード・マイレージの比較(2001 年・品目別)

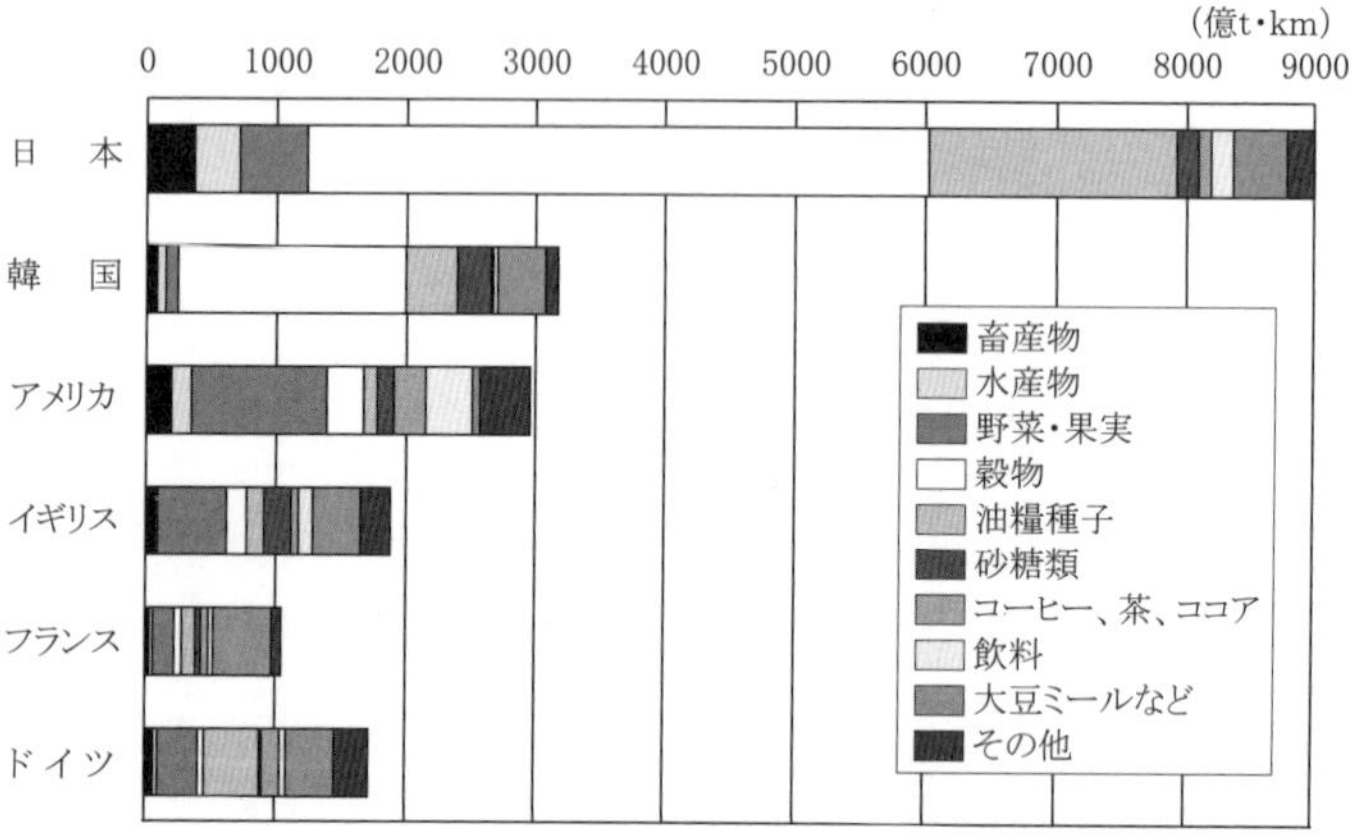

(注)フード・マイレージとは食料の輸送量に輸送距離をかけ合わせて累積した数値。単位はトン・キロメートル(t・km)。
(出典)中田哲也『フード・マイレージ』日本評論社、2007 年。

者は甦るでしょう。

流通システムの環境整備の点からは、新しい交通体系の確立が大切です。日本の伝統的旧市街や商店街が集中する都心部では、車社会に対抗する交通システムの整備がきわめて遅れています。郊外型巨大量販店の出店を許している客観的条件として、都心部における交通システムの整備の遅れが指摘されてきました。中核都市の中心部における拠点駐車場の設置と、これにつながる自転車・歩道網の整備などが重要な課題になります。

新しいタイプの地方中核都市では、中心市街地においても、近隣の農山漁村地域と結ぶ交通網においても、公共交通機関のあり方をあらためて見直さなければなりません。燃料についても、化石燃料に代替する、〝森と海(湖)を結ぶ流域地域《エリア》圏〟内の自然資源を活かしたエネルギーを研究・開発し、人びとの暮らしを支え、環境の時代にふさわしい新しい交通体系を確立する必要があります。こうした自然循環型の農村・都市計画における流通・交通体系の研究開発の分野でも、CSSKとの連携の強化によって、一層の成果をあげることができるにちがいありません。

流域地域圏《エリア》に自立的な経済圏を確立するうえで、圏内の都市機能の充実の重要性をもう一度確認しておきたいと思います。城下町や門前町としての歴史的景観の保全、文化・芸術・教育・医療・社会福祉機能の充実、さらには商業・業務機能と調和した都市居住空間の整備を重視し、かつ市街地においても「菜園」の配置を十分に考慮したうえで、緑豊かな田園都市の名にふさわしい風格あるまちづくりをめざさなければなりません。それは、〝森と海(湖)を結ぶ流域地域圏《エリア》〟全域に広がる「菜園家族」や「匠商家族」のネットワークの中核としての都市であり、持続的な流域地域圏《エリア》循環の中軸としての大切な機能を担う、新しい時代の豊かな地方都市の姿なのです。

4　流域地域圏《エリア》における地方自治のあり方

「菜園家族」時代においては、各流域地域圏《エリア》内で「菜園家族」や「匠商家族」が週休五日制のワークシェアリングのもとに自立の基盤を確立し、それぞれの地域にしっかりと根づいて暮らしを営んでいます。その点では、今日の家族や地域のあり方とはまったく異質です。今日では、サラリーマンのほとんどが週のうち五日間も職場に拘束されていて、昼間は居住する地域にはいません。しかも、子どもは塾へ、妻はパートへ、青年期に達した息子や娘はバイトへといった具合に、日中は、老人以外は地域に人の姿はほとんど見あたらず、家族や地域そのものが抜け殻のように空洞化しています。

一方、「菜園家族」時代においては、地域住民にとって、自らの家族や地域そのものが仕事と生活の主要な舞台になります。したがって、地域住民は、市場競争至上主義の「拡大経済」下では考えられもしなかった「新しい人間」として登場すると言っていいでしょう。地方自治や国政に直接的に参加できる、本当の意味での条件を備えた人間になっているのです。

「菜園家族」を基調とする社会では、家族が本来もっていた原初的な育児や教育や介護や医療などの多面的な機能が復活し、家族同士の自然生的な日常の相互扶助を基礎に、地域の共同性も自ずと甦ります。こうした地域では、「菜園家族」や「匠商家族」の自主・自発的な任意の共同組織である「なりわいとも」が生まれ、多面的で豊かな活動を活発に展開していくでしょう。また、住民・市民の一人ひとりが、それぞれの関心に沿って、NPOやNGOなどの任意の市民団体や組織に参画し、多彩な活動を繰り広げ、地域の暮らしに潤いと彩りを与えていきます。

このような「なりわいとも」や各種市民組織が隣保、集落、市町村、郡、都道府県などのレベルに重層的な団粒構造となって形成され、相互補完し合いながら活動していくのです。その社会的基盤のうえに、文化や芸術、科学、教育、スポーツ、あるいは個々人の趣味のレベルに至るまで、人間のあらゆる活動が、ますます盛んに行われます。家族と地域が自立の基盤を得て新しい姿に変貌しうるということを前提にして、新しい時代にふさわしい国や地方自治体のあり方を考えていきましょう。

地方自治は、都道府県や市町村の常勤職員にすべてを任せて、住民はサービスを受ければいいという考えから脱却して、住民主体の本当の意味での民主的な体制に変わるにちがいありません。「家族」の機能が甦るなかで、社会保障も根本的に見直され、社会の負担はしだいに軽減していくでしょう。

住民の多種多様な生活や活動から生まれるさまざまな要求が集約され、公正に実現されるためには、地方自治体なかんずく「議会」の果たす役割は、ますます重要になります。一市三町からなる犬上川・芹川流域地域圏《エリア》を例に考えると、基本的には、各市町村に「議会」と「行政」の機能を果たす地方自治体が形成されます。彦根市の場合は、市街地と田園地帯・森林地帯に分けて、新たに小さな自治体をおくことも考えられるでしょう。数年来、市町村合併が押しすすめられ、さらには道州制の議論も登場していますが、地方自治体を合併して大きくすればいいということには、必ずしもなりません。自治体が住民とできるかぎり直接的に緊密な相互関係を保てるかが、民主主義を形式としてではなく実質化するうえで、大切だからです。

ヨーロッパ随一の農業国フランスでは、日本でいう自然村が現在もほぼ維持され、誇り高く自治を行なっているといわれています。人口は一〇〇〜三〇〇人程度が一般的なようです。こうした小さな村は「コミューン」と呼ばれ、基礎的自治体としての形式を備えつつ、実態としては農業集落の性格をあわせもっています。その起源は、少なくともフランス革命前の教区(キリスト教の布教や監督上、一定地域にある教会をまとめた教会行政上の単位)に遡り、以来、ほぼ変わらず二一世紀の今日に受け継がれているといわれています。

日本の農業集落ほどの規模であるこのコミューンには、地域に密着した小さな学校が息づいていますが、いわゆる行政実務のための職員はほとんどいないようです。対話によって村人の意見を集約し、コミューン連合や県といった上位レベルの地方自治体に働きかけたり国に要請するという、意見の集約機関としての性格が濃いといわれています。実際的で、きわめて民主的な「議会」機能の側面が強い機関である、といってもいいのかもしれません。

こうした小さなコミューンが基盤になりながらも、小さいがゆえに単一では提供が困難な住民サービス事業を果たすために、コミューン間協力が発達しているといわれています。

また、全学年を一つの学級に編制したいわゆる「単級学校」(一つの学校に一つの学級)と呼ばれる小規模小学校が、全小学校数のおよそ四分の一を占めているそうです。中部オーベルニュ地方の小さな村の小学校を舞台にしたドキュメンタリー映画『ぼくの好きな先生』(監督ニコラ・フィリベール、二〇〇二年)は、この「単級学校」で二〇年にわたり教鞭をとってきたロペス先生と村の子どもたちの姿を生き生きと描いています。先生は一つの教室で三~十一歳までの全校生徒十三人を一人で教え、奮闘するのです。フランスでは公開後、ドキュメンタリー映画としては異例の二〇〇万人にせまる観客を動員し、現在もさわやかな感動を呼び起こし続けているそうです。

こうした一例からも、フランスの地域主権の伝統的精神の底流が現代にも確かに息づいていることを垣間見ることができます。日本の地方自治体を、自然条件も歴史的・文化的背景も異なるフランスと単純に比べて論ずることはできませんが、そこにある考え方の本質は学ぶべきところがおおいにあるのではないでしょうか。

犬上川・芹川流域地域圏《エリア》を例に考えてみると、農林漁業や零細・中小経営を基盤とする「菜園家族」や「匠商家族」がその主体であるかぎり、農業集落規模、つまり大字《おおあざ》のレベルにおける、日常に根ざした実際的な「議会」を、基礎的な自治組織として明確に位置づける必要があると思われます。この集落レベルの「議会」が、戸主だけでなくさまざまな世代が男女の別なく参加する、村の総会的な性格になれば、多様な意見が自由に出され、話し合いは活性化します。とくに若い世代にとっては、民主主義の「学校」の役割も果たすでしょう。

そして、大君ヶ畑をはじめ、広大な山中や平野部に散在する集落の「議会」で話し合われたことは、一市三町ごとの「議会」に各集落から代表者が送られて、話し合われます。

各市町レベルの力量では解決できない課題については、犬上川・芹川流域地域圏《エリア》自治体(郡)レベルの「議会」で話し合われることになります。この「議会」は、市町村レベルの「議会」の議員と兼任する者と、広く直接選挙で選出される者とで構成されるでしょう。こうした議員は、民主主義の実質化と財政的な見地から、従来、踏襲されてきた職業的なものではなく、原則としてボランティア的性格になります。

流域地域圏《エリア》自治体(郡)レベルで解決できない課題は、都道府県レベルの「議会」で話し合われます。

このように、「議会」についても、集落、市町村、流域地域圏自治体(郡)、都道府県という多次元にわたる団粒構造が形成されてはじめて、流域地域圏《エリア》自治体(郡)は、地域圏《エリア》全住民の意見をよりよく反映し、エネルギーを汲みあげることができるのです。そして、流域地域圏《エリア》自治体(郡)は地域《エリ》圏《ア》全体を展望して、長期的で総合的な地域未来ビジョンを企画立案するという重要な任務を果たさなければなりません。

国の役割は、大都市圏と地方に現れる地域間格差の是正です。国民一人ひとりに生まれながらにして等しく授けられている自然権としての基本的人権、なかでも生存権・生活権を保障するために、教育・医療・介護・年金などを国民に等しく提供しなければなりません。こうした下位から上位に至る地方自治体の団粒構造的相互補完のなかでこそ、住民にとってもっとも身近である集落が生き生きと甦ってきます。

教育、医療や介護など社会福祉の現場もまた、重層的な団粒構造をなす地方と国の自治機能に則さねばなりません。身近な集落の保育園・幼稚園や、小学校・中学校およびその分校から、高校、大学に至る教育体制、あるいは集落の小さな診療所から、市町村のかかりつけ医院、さらにより高度な設備の備わった流域地域圏《エリア》の中核総合病院に至る医療体制……。重層的な団粒構造を形づくりながら、住民の安心・安全な暮らしのために、その機能を十全に発揮していくでしょう。

このような基本原理をふまえたうえで、肝心なことは、まず、あるべき行政サービスの総量をいかにして国と都道府県と市町村に仕分けするかです。そして、各地方自治体が、どのような体制で所掌範囲の仕事を行うかです。その際、住民とのつながりを強化する姿勢が大切です。市町村レベルの自治体を意見の集約機関の側面に重点をおいて捉えるならば、合併するのではなく、むしろ住民の意見を集約する「議会」としての機能を強化していかなければなりません。そして、「行政」実務はできるだけ住民のボランティア活動との連携を強めることによって、かなりの部分をこなし、しかもその質を高めていく必要があります。

そこで重要なのは、地方自治体の職員自身が週休五日制のワークシェアリングのもと、「菜園」など自立の基盤を保障され、「菜園家族」や「匠商家族」になっているという点です。したがって、今日のいわゆる「公務員」からイメージされる姿とは、質的に異なるものになるでしょう。

自治体がすすんで週休五日制によるワークシェアリングを実行すれば、週に五日は自らの「菜園」、あるいはさまざまな職種の自営業の仕事に携わりながら、残りの二日は自治体職員として働くという体制が、地域にできあがります。その結果、さまざまな職種の人びとの意志や経験が恒常的に地方行政に反映され、今までには考えられなかった形で、行政は住民との結びつきを強めて、活性化の方向へ向かうのです。こうして本当の意味での住民の行政参加が実現され、行政のあり方も大きく変わります。

こうした視点に立つならば、比較的大きな彦根市は市内を四～五に分割してそれぞれに自治体をおき、そのうえで一市三町の自治体群が連合して、七～八の市町村レベルの小自治体からなる流域地域圏《エリア》自治体(郡)を形成することも考えられるでしょう。その結果、「議会」としての機能と「行政」の実務的な機能を、過不足なく調和のとれた形で果たすことになるのです。

本来、地方自治とは、住民自らが、「議会」にも「行政」にも直接参加すべきものであるはずです。それを可能にする条件は、週休五日制のワークシェアリングによって、住民が生活時間のほとんどを、従来の「職場」ではなく、家族とともに地域で過ごすことです。それをここで再度、強調しておきたいと思います。

いずれにせよ、地方自治体の「議会」機能と「行政」機能がどうあるべきかは、今後の課題として残されています。地域の歴史的背景や自然などの特殊条件を個別具体的に調べ、また、諸外国での経験もふまえて、じっくり考えていくべきでしょう。

第5章
〝菜園家族　山の学校〟その未来への夢

1 〝めだかの学校〟を取り戻す

めだかの学校

作詞／茶木滋　　作曲／中田喜直

めだかの学校は　川のなか
そっとのぞいて　みてごらん
そっとのぞいて　みてごらん
みんなでおゆうぎ　しているよ

めだかの学校の　めだかたち
だれが生徒か　先生か
だれが生徒か　先生か
みんなでげんきに　あそんでる

めだかの学校は　うれしそう
水にながれて　つーいつい
水にながれて　つーいつい
みんながそろって　つーいつい

（一九五一年、NHKラジオ「幼児の時間」で放送）

〝めだかの学校〟は、作詞者の茶木滋が終戦直後の春、疎開先の小田原で幼い息子と買い出しの途中、荻窪用水のほとりで見た情景と、二人で交わした会話をもとに、うたったものといわれています。

二一世紀、混迷のなかから、私たちが、そして世界が探し求めているものは、エコロジーの深い思想に根ざした本物の自然循環型共生社会への確かな糸口です。その意味でも、〝菜園家族 山の学校〟は、一地方のささやかな試みではあっても、その夢は大きいといわなければなりません。

〝菜園家族 山の学校〟が拠点をおくことになる大君ヶ畑《おじがはた》は、過疎・高齢化に悩みながらも、一九九〇年代後半から集落の人たちが中心となり、地元の特産であるお茶、地域ぐるみで摘んだ山椒《さんしょう》やフキなど山菜の佃煮、シカ肉やイノシシ肉の燻製、竹炭、木工品などを手づくりし、道の駅「ステーション大君ヶ畑」の運営に取り組んでいます。また、分校跡の体育館で週二回行われる、空手を通じた子どもたちの心身の教育、渓流の漁場を守る漁業組合の活動、女性たちの「遊々会」によるおじいさんやおばあさんたちを元気づけ支える活動など、多様で地道な取り組みが続けられてきました。

〃菜園家族 山の学校〃は、こうした地道な取り組みに加えて、婦人部・老人会の活動、二〇〇八年に二〇年目をむかえる兄弟邨《むら》・甲良町北落《きたおち》集落との交流、そして私たちが二〇〇一年来続けてきた〃里山研究庵Ｎｏｍａｄ〃の活動とも呼応していきます。さらに、若い農業後継者や新規就農者を中心に農や食に関心のある市民も参加する勉強会を続ける滋賀県東浅井郡湖北町の農事組合法人大戸洞舎《おどふらしゃ》（松本茂夫さん・富子さんら）、第4章でふれた池田博昭さんらの建築グループ（旧八日市市）、第3章でふれた南信州・大鹿村のアルプ・カーゼ（小林俊夫さん・静子さん）、都市近郊で先駆的な酪農経営を切り拓いてきた弓削《ゆげ》牧場（弓削忠生さん・和子さん、神戸市北区）、鈴鹿山脈を越えた三重県の伊勢湾に注ぐ櫛田《くしだ》川・宮川流域で森と海を結ぶ地域づくりに取り組む多気郡勢和《せいわ》村（現多気町）図書館の林千智さん、野呂ファミリー農場の野呂由彦さん・千佳子さん、都会から移り住んだ若き林業家などのグループをはじめ、全国各地の活動と連携。これまでの「研究」「教育」「交流」の成果と、そのネットワークをさらに充実、発展させていくことになるでしょう。

大君ヶ畑と北落集落の親子ふれあい交流田活動。民話『幸助とお花』にちなんで、流域循環の再生を願い、「森の民」大君ヶ畑と「野の民」北落の人びとは、兄弟郷の交流活動を続けてきた。後方に見える鈴鹿の山なみの奥、田んぼのない大君ヶ畑から下りてきた子どもたちも、手に鎌をもち、稲刈りを楽しむ(上)。北落の女性たち自慢のかしわ飯のおにぎりをほおばり、交流のひとときを過ごす(下)

そして、伊吹山麓の農村で古民家を借り、ヤギやチャボなどを飼いながら菜園にいそしみ、小学生の里子と生まれたばかりの赤ちゃんとともに、「菜園家族」的エコライフをめざす三品《みしな》聡子さん・楠原剛人《くすはらよしと》さんの若きご夫婦（滋賀県東浅井郡浅井町＝現長浜市）や、学生時代から職人の手作りに関心を寄せ、修業を経て、地元産大豆にこだわる西駒とうふ店をスタートさせた西田亮介さん（滋賀県滋賀郡志賀町小野朝日＝現大津市朝日）……。これら若き新生「菜園家族」と「匠商《しょうしょう》家族」とも手をたずさえて、未来志向の楽しい活動を展開したいと思っています。

こうした世代や地域を結ぶ住民・市民の連携のなかで、〝菜園家族 山の学校〟は、「近江国循環型共生社会」の誕生をめざし、すべての人びとにひらかれた、自由闊達で創造的な学びあいの場になっていくことでしょう。教育の現場が、研究の現場が、そして社会が閉塞状況に陥り、生気を失っている今、戦後の焦土のなかから芽生えた〝めだかの学校〟の生き生きとした、自由で平等で友愛に満ち満ちた精神は、目に眩《まばゆ》いまでに新鮮です。このいのち輝くみずみずしい精神を、子どももおとなも世代を越えて、もう一度何とか取り戻したいと願うのです。

2　新しい「地域研究」の創造をめざして──「在野の学」の先進性

そもそも地域とは、地域研究とは、いったい何なのでしょうか。

「地域」とは、自然と人間の物質代謝の場、暮らしの場、いのちの再生産の場としての、ひとつのまとまりある基礎的単位です。人間とその社会への洞察は、とりとめもなく広い現実世界のなかから任意にこの「地域」を設定し、長期にわたり調査・研究することによって、はじめて深まります。

現代は、世界のいかなる辺境にある「地域」も、いわゆる先進工業国の「地域」も、グローバル化の世界構造に組み込まれています。こうした時代にあって、自然と人間の二大要素からなる有機的運動体としての「地域」を、ひとつのまとまりある総体として深く認識するためには、①「地域」共時態《シンクロニック》、②歴史通時態《ダイアクロニック》、③「世界」場という三つの次元の相の連関において、ホリスティック（全一体的）なものとして考察し、さらに未来をも展望しうる方法論の確立が肝要です。

グローバル経済が世界を席捲する今こそ、これに対抗し、「地域」の真の再生をめざすためには、何をなすべきかを問いつつ、包括的な新しい「地域研究」の確立と「地域実践」に取り組むことが求められています。

こうした要請に応えるためには、差し迫った世界の転換期にあって、何よりもまず、これまでのものの見方・考え方を支配する認識の枠組み、すなわち既成のパラダイムを革新する努力と勇気がなければなりません。やがて到達した新たなパラダイムによってはじめて、既成の社会のあり方は根源的に問い正され、次代の社会の構想が可能になるのです。

延々と続いてきた既成の頑迷固陋な組織や制度や体制が、人間の思考を旧来の枠組みに閉じ込め、圧殺するものであるとするならば、パラダイムの革新は、既存の大学や研究機関や「学会」というアカデミズムの世界からは、望むべくもありません。とくに大学では、近年強行された独立行政法人化によるトップダウン体制のもとで、偏狭な競争原理や安易な効率主義と成果主義が強引に導入され、構成員の自主性と創意性が圧殺されようとしています。

このような近視眼的な実利主義が蔓延する今日の状況からは、今もっとも必要とされる二一世紀の未来を見据える長期展望に立った思索や理論は、期待できるはずもありません。私たちは、精神のあらゆる既成の枠組みにとらわれることなく、〝めだかの学校〟のみずみずしい、自由で平等で友愛に満ちたおおらかな精神を、今一度、取り戻せないものなのでしょうか。

それが期待できるとすれば、権威に装われ、一見、立派に整ったかのように見える既存の機構や制度からではなく、意外にも、時流からはずれた位置にある素朴で自由な「在野の学」からなのかもしれません。犬上川・芹川流域地域圏《エリア》の最奥の山中で、地域の人びととともにスタートに向けてようやく動きはじめた〝菜園家族 山の学校〟も、そのようなもののひとつでありたいと願っています。

〝菜園家族 山の学校〟は、「菜園家族」構想の研究成果を暫定的な作業仮説（＝立案）とし、住民・市民、そして「研究者」による、犬上川・芹川流域地域圏《エリア》の「点検・調査・立案」の終わりなき連続螺旋円環運動をねばり強く続けていきます。この調査研究は、〝菜園家族 山の学校〟の「研究」と「教育」と「交流」の三つの機能のなかにしっかりと位置づけられ、教育と交流とも相互に有機的に連動しながら、効果を発揮していくでしょう。

調査研究の対象は、〝森と湖を結ぶ流域地域圏《エリア》〟という、自然や人間や社会のあらゆる要素からなるひとつのまとまりある有機的運動体です。それゆえ、それ自体をホリスティックに捉えるためには、自然・社会・人文のそれぞれの専門分野の、さらに分割された部分を個別的に調査研究するだけでは、目的を果たすことはできません。何よりも大切なのは、「菜園家族」構想の理念と共通の目標に向かって収斂するように、専門分野がそれぞれの部分を究めながらも、部分から、絶えず全体を総合的に捉え直していく姿勢です。それが、専門分野に携わるすべての者に要請されます。

したがって、それぞれの専門分野からは、絶えず「菜園家族」構想それ自体への根源的な問いかけが行われ、暫定作業仮説の検討が繰り返しなされます。こうした自由闊達な議論を通じて、個々の研究プロジェクトは活性化されるでしょう。これこそが共同研究の本来の姿であり、真髄です。

〝菜園家族 山の学校〟は、「在野の学」です。だから、既存の権威から相対的に自由であり、科学的真理以外のいかなる権威にも媚びません。常に学問の独立と研究の自由を堅持し、研究の発展が地域の人びととの正しい結びつきによってはじめて実現されるという優位性を発揮しうるのです。体制に安住し、硬直した既存のアカデミズムの世界の組織や機構ではなく、地域の人びととの深いつながりのなかで、今日の世界の激動に応えて、新たなパラダイムの革新をめざし自発的に結集した在野の小さなグループだからこそ、それが可能になります。

やがて、こうした新しいグループが日本各地に次々に現れてくるでしょう。これは、少なくとも、人びとの生活そのものともいうべき地域にまともに向き合ってはじめて研究が成立する分野、すなわち「地域研究」においては間違いなく言えると思います。〝菜園家族 山の学校〟には、これこそが期待されているのです。私たちは、〝菜園家族 山の学校〟に集うすべての人びとともに、研究と教育と交流の機能を有機的に統合し、地道な活動を重ねていきます。そして、「菜園家族」構想そのものについて絶えず議論を深め、理念と内容を豊かにしていくなかで、既存の大学や研究機関や「学会」には見られない、独自の在野の研究グループが形成されるでしょう。

この研究グループのメンバーは、従来イメージされてきたような、職業的研究者にとどまりません。むしろ、研究と教育と交流の機能を統合した総合的な活動に、世代や職業や性別を超えて自発的に参画する住民や市民です。子どもは子どもなりの鋭敏な感性によって、若者や中年世代は未来を担う立場から、そして高齢者は長年の経験にもとづく豊かな知恵を発揮して、世代を超えてお互いに切磋琢磨し合います。

人間にとってかけがえのない地域は、全人的教育の母胎であり、暮らしの場でもあり、人びとの生きがいであり、いのちの再生産の場です。それを対象にする研究が、狭いアカデミズムの世界に棲む一部の「学者」や「有識者」や「官僚」にのみ委ねられていいはずがありません。〝菜園家族 山の学校〟は「在野の学」としての役割を果たしつつ、旧態依然たる研究状況を少しでも変えながら、新しい状況を切りひらいていくでしょう。

この研究のめざす基本方向は、市場競争至上主義の「拡大経済」から「自然循環型共生社会」への転換を経て、さらには人類究極の夢である、自由・平等・友愛の「高度自然社会」への道を探ることです。具体的には、犬上川・芹川流域地域圏《エリア》を地域モデルに設定し、住民・市民・研究者共同の「点検・調査・立案」の連続螺旋円環運動を通じて、それを模索していきます。もちろん〝菜園家族 山の学校〟の「在野の学」としての優位性をいかに活かしていくかは、ひとえに、これからの活動にかかっていると言わなければなりません。

3　おおらかな学びあいの場と温もりある人間の絆を

都市の住民も農・山・漁村の住民も商工業者も、また子どもからお年寄りに至るさまざまな世代の人びとが自主的に楽しみながら学びあう場。これが、〝菜園家族 山の学校〟の最大の特長です。したがって、ここでの「教育」の理念は、受験競争を目的とした近視眼的な知識詰め込み主義を根本から改めたものでなければなりません。

土地を耕し、作物を育て、収穫する。料理し、食卓を囲み、味わい、語りあい、楽しむ。現代人にはとうに忘れられたこの一貫した素朴なプロセスのなかに、自然との一体感と豊かな人間関係の基礎が育まれます。本当の自己実現は、すすんで身近な自然に親しみ、地域の活動や調査に参加し、そこから得た智慧を暮らしに活かし、自らの地域を変え、築きあげていく努力のなかでこそ、果たされるのです。二一世紀の教育の理念は、こうした確かな社会性に裏打ちされたディープ・エコロジーの立場にこそ見出されます。

〝菜園家族 山の学校〟の教育（人材育成）は、世代間の断絶が社会問題にまでなっていることに鑑み、幼児、小・中・高校の児童や生徒から、若者・中年・老齢世代に至るまで、世代を超えた連携を重視します。それは、人間の自主・自発性と平等を重んじた、〝めだかの学校〟のおおらかな精神の復活なのかもしれません。

ここでの教育は、狭い意味での人材育成だけにとどまりません。地域の子どもや若者や住民の語らいの場、憩いの場ともなるでしょう。

また、「菜園家族」構想はじめ、さまざまなテーマを多角的に取り上げて、勉強会や研究会が行われます。そして、上映＆講演会、野外教室、研修の旅、地産地消の食材を活かした伝統的な郷土料理、心身ともに健康になるマクロビオティック自然食、手工芸の講習会、さらには作品展示・発表会やコンサート……、地域住民の要望に応える、未来志向の多彩な文化活動にも力を入れていきます。こうした活動の地道な継続によって、地域の人びとの心は、いっそう豊かで和やかになるにちがいありません。

こうした多面的な活動を保障するためには、この森と湖を結ぶ犬上川・芹川流域地域圏《エリア》の広大な森林地帯や田園地帯に散在する農家や集落、また都市住民をも含めて、多くの人びととの連携・相互協力が不可欠です。周縁の農家や集落との連携のもとにはじめて、都会から就農を希望して来る若者たちや団塊世代を受け入れる農家分宿の体制が整えられます。また、長期逗留型の農・林・漁業の体験や実習をカリキュラムに取り入れた幼児や小・中・高校の児童・生徒、大学生の学習・教育活動も可能になります。こうした教育・交流活動は、諸外国の人びとにとっても、日本の農山村の本当の姿を学ぶ絶好の場となるでしょう。

このような農家や集落との連携・相互協力関係は、地域外から訪れて学ぶ側にだけ効果をもたらすわけではありません。受け入れる側の過疎・高齢化に悩む農家や集落にとっても、都市の優れた要素や若い世代の息吹を吸収し、諸外国の文化や考えにも接しつつ視野を広げ、自己を高め、地域を活性化していくうえで、きわめて意義深いものになるはずです。

こうした相互交流を深めるなかで、かつて農・林・漁業をあきらめて都会へ出て行った若者たちも、新しい暮らしのあり方を求めてやって来る都市部の若者や団塊世代も、農山村のよさや意義を再認識し、「菜園家族」の道を選ぶことにもなるでしょう。こうした人びとは、やがて過疎山村に深く根をはり、地域を再生していく新たな集落メンバーになっていきます。

"菜園家族 山の学校"の校舎は、休園となった大君ヶ畑の保育園です。彦根市内から車で三〇分ほどなので、地元の犬上川・芹川流域地域圏《エリア》や滋賀県内はもとより、近畿一円や隣接する三重・岐阜・福井各県からも人びとが集い、地域に根ざしながらもすべての人びとにひらかれた、未

おじがはた保育園。中央が保育園舎、右端が体育館。校庭はこの奥に広がる。手前を流れるのは犬上川北流

来志向型の自由な研究・教育・交流の拠点になるでしょう。

一九八八年に新築された園舎は、当時、地方財政にもまだ余力があったのでしょうか、なかなか立派なものです。九六年に廃校となった大君ヶ畑分校の広々とした校庭にあり、鈴鹿の山々の深い森の緑に映え、渓流のほとりにたたずんでいます。今ではめったに見られなくなった、懐かしい風景を彷彿とさせ、設備といい、環境といい、これから始まる活動にはうってつけです。スタート段階では、校庭の南側の奥に建っている体育館を上映会や講演会、コンサートなど多目的な文化活動にも併用すれば、十分でしょう。

今後は園舎を活用して、研究室、事務室、情報発信室、図書・映像作品ライブラリー、映像編集室、研修・映写・集会などの小ホール、教室、ミーティングルーム、喫茶・談話ルーム、ヘルスケアルーム、食農教育のための小キッチンなどを徐々に整えていきます。さらに、森の緑に恵まれた環境を活かして、菜園、ヤギ小屋、養蜂箱、手工芸工房、薬草風呂、宿泊などの施設を必要に応じて校庭敷地内に拡充し、研究・教育・交流活動の総合的な拠点（センター）として整備していくことが将来の課題です。

こうして流域最奥の地から〝森と湖を結ぶ流域地域圏《エリア》〟全域を展望し、活動を充実させていきます。

4　諦念《ていねん》に沈む限界集落

しかし、現実は、そうなまやさしいものではありません。大君ヶ畑は現在、四十数戸からなる、近世江戸時代の〝村〟を継承する古い集落です。原始的な山岳信仰から生まれ、風雲を支配するという八大竜王が祀《まつ》られている白山神社と、浄土真宗の妙玄寺、宗願寺という二つのお寺があり、村の人びとは四季折々の伝統行事を行なってきました。

ところが、過疎・高齢化が急速にすすみ、白山神社の行事である「三季の講」や御池岳への雨乞い踊り「かんこ踊り」すら、主役となるべき青年や子どもたちがいなくなり、継続が困難になっています。この集落を含む広大な鈴鹿の森林地帯と犬上川上流域の清流に恵まれた渓谷一帯をい

白山神社の「三季の講」の秋の例祭（2001 年 9 月）。「三季の講」を支える若衆集団は、村落構造の中心的な役割を担ってきた。少なくとも近世以来続いてきたこの例祭も、若者の急速な減少によって、2005 年秋を最後にその正式な形態は途絶えた

かに再生させていくかは、地域の人びとにとって避けては通れない課題ですが、現状ではあまりに気の遠くなる難題であるといわざるをえません。

かつて盛んであった薪や木炭や木材の生産を中心とする林業や、茶・大豆・繭《まゆ》・苧麻《ちょま》などの生産は、すっかり見られなくなりました。一八八〇年（明治十三年）の記録によれば、田地二町五反（二・五ヘクタール）、畑地七町八反（七・八ヘクタール）があり、農作物の収穫高は、うるち米二四石、大麦五石、小麦一石、粟四石、大豆六石、ソバ三石となっています（一石は約一八〇リットル）。うるち米は二五五石が不足し、木炭・薪・木材などとの交換によって手に入れました。

しかし、今や山はすっかり荒れ、シカやイノシシやサルによる「獣害」は年々ひどくなるばかりです。狭い耕地は杉林や薮の拡張によってますます狭められ、農林業だけでは家計は成り立ちません。各戸には自給用の小さな畑がやっと残っているばかりで、田地はなくなりました。

住民のほとんどがお年寄りばかりになった以上、ここからの再起はとても困難で、ややもするとあきらめが先に立ってしまうようです。不条理な時代の仕組みに翻弄され、衰退していく山村。非情な運命を背負い、老いゆく者だけが取り残された今、この現状を変えることがどんなに大変か。この地に生きる人びとはもちろん、山を下りて遠くで暮らす人びとも身にしみて知っています。そんな諦念にも似た気持ちにさいなまれながらも、過疎・高齢化が急速にすすむ現状を直視するとき、何とかしなければならないという思いは募るばかりです。

私たちの里山研究庵のすぐお隣で暮らす杉山一市《かずいち》おじいさん・富枝《とみえ》おばあさん。「私は元来、山が好きで」とよく話してくださった富枝おばあさんはここ数年、厳しい冬を越すごとに、とみにからだが弱り、入退院を繰り返すようになりました。そして二〇〇六年。近年あまり見られなかった大雪がようやく峠を越し、福寿草やフキノトウが長い冬枯れの大地を彩りはじめる早春のころ、息子さんや娘さんたちの配慮で、一時、住み慣れた山の家に帰られたものの、まもなく五月二九日に息をひきとられたのです。

大君ヶ畑の老人会を代表して、安藤要一さん（一九二四年生まれ）は、富枝おばあさんへの深い哀惜の念とともに、村の窮状を訴えかけるかのように、弔辞を読みあげられました。それは、残された者への温かい励ましの言葉ともなって、いつまでも私たちの心のなかに生き続けています。

「今からおよそ四〇年前、おそろしい病魔にとりつかれ、ご主人、ご家族の献身的な看護に応えられたあなたは、一種の根気をもって闘病生活を続けられ、夫一市様も涙ぐましい愛情で、夫婦仲睦まじく、再起不能と思われた難病とともに生きながらえられました。今まで生き抜かれた八一年の生涯と闘病生活でかち得た愛と喜びと人びとへの慈しみが、あなたの握りしめた拳《こぶし》の中にいっぱい詰まっていました。

今、あなたは、その掌を静かに開き、私たちみんなに分け与え、浄土の御仏のもとへ帰られました。……この里山での生活の知恵、おごらず名誉を欲せず、謙虚で温かいあなたの心は、私たちの心の鑑《かがみ》として、なつかしくとこしえに生き続けることを信じます。あなたのご恩と友情に深謝して」

富枝おばあさんがその小さな拳に握りしめてきた、この山に生きる苦しみや喜びを、次の時代に生きる私たちはどのように受けとめ、引き継いでいくのでしょうか。

5　再起への思い

大君ヶ畑の近代史を振り返ってみると、明治期に集落内の上《かみ》の方にある妙玄寺で「盍簪舎《かつさんしゃ》」と

大君ヶ畑集落の中心部に佇む妙玄寺。明治期に私塾「盍簪舎」が開設されていた

いう私塾が開設されていた、という興味深い史実に出会います。地元の大君ヶ畑や犬上郡、彦根市のみならず、滋賀県の各地域、そして遠くは京都、大阪・堺、兵庫、愛知、三重、岐阜、福井、東京からもやって来て寄宿し、学んでいたそうです。その数は、のべ二〇〇余人にものぼるといわれています。彦根まで徒歩で片道四時間という交通の不便な時代に、奥山の村にこれだけの人びとが集《つど》ったのは、驚きというほかありません。

盍簪舎で四〇余年にわたり子弟の教育に尽力した妙玄寺の住職・寺谷覚誠《かくじょう》（一八五六〜一九四三）は、村のことにも心魂を傾け、道を造り、車馬を通し、植林や養蚕を奨励しました。奥山の小さな村が、地域の教育や学問や地域づくりの中心的な役割を担っていた時代もあったのです。活気にあふれたこの時代のことは、

催された大君ヶ畑区民運動会（2002 年 10 月）
2008 年現在、ついに集落在住の小学生 1 名、中学生 1 名となった。集落

今でも土地の老人たちの語り草になっています。

「盍簪」とは、中国の古典『易経』にある「朋盍簪《ともかつさん》」から出た言葉です。「盍」は合う、「簪」は疾《はやい》で、朋友が早く寄り合うことを意味しています。来たり集まる者を朋とし、ともに研鑽しようという理想の現れと言えるでしょう。このような学びの場が、明治という新しい時代の胎動のなかで、鈴鹿山脈の最奥の小さな山村に確かに息づいていたことに、誰もが深い感銘をおぼえるのではないでしょうか。

村の先人たちの自主・自立の気概に満ちた伝統を思うとき、二一世紀をむかえた山村の現実は確かに厳しいけれども、この気概を受け継ぎ、何かを始めなければ、このままずるずると深みに落ちるだけではない

「世代を越えてひとつになろう」のスローガンを掲げて開
大君ヶ畑集落では小学校分校が 1996 年に廃校、保育園が 1999 年に休園。
消滅の危機にさらされながらも、未来への糸口をつかもうとしている

のか……。そんな反転への思いと諦念が交錯しながら、大君ヶ畑の人びとは今、ようやく動き始めようとしています。〝菜園家族 山の学校〟には、こうした地域の人びとの深い思いがこめられています。

　苦悩や諦念、そして反転への決断とがないまぜになった「渦」は、大君ヶ畑に限ったものではありません。アメリカ型「拡大経済」に痛めつけられ、苦悩している農山漁村の至るところで見られる現実です。大君ヶ畑から動き出した〝菜園家族 山の学校〟の試みは、小さな一地域の特殊なものではなく、全国に見られる数多くの「渦」のひとつなのです。

　そうであるがゆえに、私たちが始めようとしている試みは、決して個別的で孤立したものではありません。いかに小さく瑣末

なものに見えても、現代世界において普遍的な意義をもつといえるでしょう。今は諦念にさいなまれてはいても、その意義が普遍であればこそ、来るべき次代の真実となり、やがて現実を動かす力となるのです。

限界集落と化した奥山の村。現状から脱却するには、これまでの林業や農業に対する考え方ではどうにもならないでしょう。二一世紀にふさわしい新しい発想への転換が必要になります。それが、これまでに述べてきた、「菜園家族」構想の週休五日制ワークシェアリング制度です。その制度の山村集落への導入によってはじめて、農業・林業の後継者やUターン者や都会からの新規就農者の定着が可能になり、地域力を高めていくことができます。

週休五日制のワークシェアリング制度の導入にあたっては、地方自治体が大きな役割を果たさなければなりません。とくに多賀町の行政は、国・都道府県レベルのCSSKとの連携のもと、第4章でふれた公的「土地バンク」を早急に創設して農地と勤め口(ワーク)を相互連関させながら斡旋し、問題解決に真剣に取り組まなければ、手遅れになってしまうでしょう。多賀町の山間にある二六の集落のほとんどが、限界集落かその寸前という恐るべき状況にあるからです。

多賀町内には、多賀工業団地と中川原工業団地があります。一九九一年からは、広大な森林地帯と平野部が接するふもとの山林地帯を削り、伝統的な集落とは関係を断ち切られたかのような形で、七五・六ヘクタールにもおよぶ広大なびわ湖東部中核工業団地の造成が始まり、九九年に完成記念式典が開催されました。

この中核工業団地には、大阪・京都・東京などに本社を置く、大日本スクリーン製造、参天製薬、積水フィルム、三和シャッター工業、森下仁丹など十数社の企業が誘致されました。既存のキリンビール、平和堂多賀流通センター、ダイニックなどと合わせると、人口わずか八〇〇〇人の町にこれだけ数多くの企業が操業しているのです。また、彦根市には松下電工やブリジストンなどの大企業があります。

これらの企業は、すぐそばに隣接する広大な森林地帯に限界集落が集中し、その住民が疲弊している現実に、無関心であっていいはずがありません。第2章第4節で述べた地球温暖化問題の観点からも、足元の森を守っている山村集落をむしろ積極的に支援する必要があります。企業も地域への社会的責任が強く問われる時代です。長い目で見れば、足元の地域が発展し、安泰であってこそ、企業自身も持続的な発展が保障されるのではないでしょうか。

多賀町の行政は、こうした観点からも、「菜園家族」構想の週休五日制のワークシェアリングの趣旨と意義を深く理解しなければなりません。そして、町内の産業構造や住民の就業状況の調査・分析と、地域再生へ向けた将来構想の策定が緊急に求められています。そのための基礎資料として、町内に立地する工業団地をはじめとする各企業の従業員数、それに占める町内住民の被雇用者数の割合、派遣労働など非正規雇用の実態などの把握が不可欠です。加えて、町内の地場産業や公共的機関（役場・学校・その他文化・医療・福祉施設など）、同じ流域地域圏《エリア》内にある彦根市・甲良町・豊郷町の民間企業や公共的機関についても、同様の把握が必要となります。

このような基礎的な調査にもとづいて、長期展望に立った町の「将来構想」を策定し、行政・企業・住民の三者による協議を重ねながら、勤め口と農地のシェアリングに関する三者協定をまとめることが大切です。こうしてはじめて、多賀町内の広大な森林地帯に散在する過疎・高齢化に苦しむ集落では、農業・林業の後継者や、都会からやって来る若者や団塊世代の就農希望者が、応分の安定した現金収入を保障され、しだいに「森の菜園家族」として定着し、成長していくでしょう。

大君ヶ畑の場合であれば、明治初期の農業水準への回復が初動段階での目標です。そのためには、かつて山の生業《なりわい》が息づいていたころに、どの山と谷筋をどのように利用していたか、土地のお年寄りから詳しく聞き取ることから始めなければなりません。そして、杉林や薮に覆われて利用できなくなっている土地を含めて広大な山をどう活かすのか、新しい発想にもとづいて考えていくことです。

地域の未来像を、子どもも若者もおとなも、土地の人も都会の人も、分け隔てなく自由に話し合い、知恵を出し合って描いていく時代が、きっとやってくるにちがいありません。こんな楽しい、やりがいのある活動は、そうはありません。これが、これまでに再三述べてきた、住民・市民による郷土の「点検・調査・立案」の連続螺旋円環運動です。

かつての畑地の作物やシイタケを復活栽培する。ヤギや乳牛を放牧したり、養蜂、ニワトリの放し飼いを取り入れる。「獣害」を解決するためにも、狩猟(イノシシやシカなど)を盛んにし、食肉加工や料理の研究をすすめる。山菜をおおいに活用する。多品目少量生産による、大規模ではない、自給目的を基本にした、暮らしを楽しむ「森の菜園家族」のなりわいが、大君ヶ畑の地に根づいていくと思います。

人間にとって大事なのは、人間らしく生きられる空間があるということです。続出する空き農家を修復し、都会へ出て行った息子や娘や孫たち、そして都会からやって来る若者や団塊世代の人たちにも開放する。やがて、森の深い緑に囲まれた渓谷の清流に沿って、美しい希望の村が築かれていくのです。そして、森と湖を結ぶ流域地域圏《エリア》全域、さらには、いのち輝く〝21世紀・近江国循環型共生社会〟を展望することになるでしょう。

はるか彼方にあるこうした夢を身近に引き寄せ、第一歩を踏み出す力は、流域地域圏《エリア》最奥の地という、「辺境」からの視点と思想であり、気概です。この思想は、〝菜園家族 山の学校〟の「在野の学」としての研究と、それと固く結び連動する教育・交流の実践を通じて、いっそう鍛えられ、深められるにちがいありません。

夢は大きく
実践は小さなことから
無理せず、着実に、ゆっくりと

これが、過酷な時代に生きる民衆実践の真髄です。こうした試みを可能にするのは、ひとえに大君ヶ畑の人びとの底力であるとともに、彦根市・多賀町・甲良町・豊郷町の一市三町からなる犬上川・芹川流域地域圏《エリア》に暮らす農山村と都市部の人びとの知恵と力です。そして、近江国の他の流域地域圏《エリア》や全国各地で、諦念と反転への思いが交錯する「渦」にもまれ、逡巡しながらも、新しい地域の未来に向かって努力している多くの人びととの絆であるのです。

エピローグ　分かちあいの世界へ

苦難の道を越えて

いのち削り、心病む、終わりなき市場競争。
アメリカ型「拡大経済」日本に
はたして未来はあるのでしょうか？
いのち輝く
「週休五日制」の農的生活。
21世紀、人びとは、素朴な精神世界への回帰《レボリューション》と
壮大な人間復活の道を歩みはじめるのです。

これは、拙著『菜園家族物語─子どもに伝える未来への夢─』を刊行したとき、帯に記した一文です。「壮大な人間復活の道」とは、この本で明示した人類究極の到達すべき目標である、人類

始原の自然状態への回帰、すなわち「高度に発達した自然社会」への道を指しています。

とくに一九世紀以降、私たち人類は資本主義を克服し、その次に来るべき理想の姿を、「社会主義」に求めてきました。もちろん、すべての人がそう考えていたわけではありません。しかし、世界の多くの人びとが、それを否定的に捉えるにしても、あるいは歓迎しないにしても、無意識のなかで、あるいは暗黙のうちに、その到来を漠然と予感していたことは間違いありません。

このようなことを言うと、二〇世紀の前半を経験していない若い世代からは、驚きの声があがるでしょう。けれども、世界にはそんな一時期が確かにありました。

しかし、少しずつ伝わってくる現実の「社会主義」体制の内実に、人びとは不審を抱きはじめます。そして、ついに一九九〇年代初頭、「社会主義」体制そのものが崩壊するなかで、それを目の当たりにした人びとの心のなかからは、資本主義に代わる理想のあるべき社会の模索という観念は一気に消え失せていきました。こうして、ただただ目先の功利のみを追い求める時代の到来とともに、人類の到達すべき理想の社会などは、語るのもむなしく、気恥ずかしくさえ思う時代へと変わったのです。

人間が理想を失ったとき、世の中がどうなってしまうのか。二一世紀の今日の精神の荒廃とその惨状を見るだけでも、おわかりになるのではないでしょうか。

人びとは、「生き残り」をかけた際限のない競争のなかで、他を蹴落としでもよい、われ先にと競い、飽くなき功利追求のたたかいに挑むのです。このたたかいに、おとなだけではなく、幼い子どもたちまでもが、引きずり込まれていきます。こうした社会風潮のもとで、人びとの心がますますすさんでいくのは、無理もないことです。

刻一刻と人びとの精神が衰微していくこのときをねらうかのように、狡猾にも、日本国憲法第九条を変える策動がうごめいてきました。社会不安のなかから「改革」を唱えて登場し、情緒に訴え、民衆を巧みに煽動してきた、かつての首相。それに継ぐ、戦後生まれの坊ちゃん育ちの若き首相の「美しい国」の影からも、戦争のにおいが漂ってきます。そして突然の辞任。そんなぶざまな醜態をさらけ出したのも、つい最近のことでした。

「菜園家族」の本質は、太陽のもと大地を耕し、雨の恵みを受けて作物を育て、その成長を慈しむ。天体の運行に合わせ、自然のゆったりとした循環に溶け込み、人びとと助けあい、分かちあい、仲よく暮らすことにあります。それ以外の何ものでもありません。人と競い、争い、果てには隣国への憎しみを駆り立てられ、他国の人と殺しあう。そんな戦争とは、「菜園家族」はもともと本質的に無縁です。

したがって、「菜園家族」構想の実践は、日本国憲法の精神を現実世界に具現するものであり、とくに、第九条「戦争の放棄」と第二五条「生存権」の精神を、抽象的に、しかも萎縮して保守しようとするのではなく、積極的に日常の暮らしの身近なところから出発して、具体的に堂々と、現実世界のなかに一歩一歩着実に築きあげることであるのです。本書で提起した〝菜園家族 山の学校〟は、まさに自らの足元から、「菜園家族」構想の実現をめざして活動していきます。

この活動は、近江国の〝森と琵琶湖を結ぶ十一の流域地域圏《エリア》〟のひとつである犬上川・芹川流域地域圏《エリア》から出発しながらも、他の流域地域圏《エリア》にもおよんでいくでしょう。それは、憲法の精神をこの近江国全域に具現することをめざす試みでもあります。それが、〝21世紀・近江国循環型共生社会〟誕生の夢です。

近江が変われば、日本が変わる。日本が変われば、世界が変わる。

いのちの思想を現実の世界へ

年年歳歳かわることなく、めぐり来る四季。その自然の移ろいのなかで、「菜園家族」とその地域社会は、自然と人間との物質代謝の和やかな循環の恵みを享受します。ものを手づくりし、人びとともに仲良く暮らす喜びを実感し、感謝の心を育みます。人びとはやがて、ものを大切にする心、さらには、いのちを慈しむ心を育て、人間性をしだいに回復していきます。市場競争至上主義の延長線上に現れる対立と憎しみに代わって友愛が、そして抗争と戦争に代わって平和の思想が、「菜園家族」に、さらには地域社会に根づいていくのです。

もう一度よく考えてみましょう。私たちがめざす「菜園家族のくに」こそ、日本国憲法が世界に向かって高らかに謳った「平和主義」「基本的人権（生存権を含む）の尊重」「主権在民」の三原則の精神を地でいくものであることが、わかってきます。

「菜園家族のくに」では、日常レベルで、そして大地に根ざした思想形成の過程で、この憲法の精神が現実のものになっていきます。子どもたちも、おとなたちも、年老いた祖父母たちも、ともに助けあって生きることで、人を慈しむいたわりの心を育んでいきます。そこには、他人を傷つけ、他人を倒してまで生きなければならない必然性は、まったくありません。

世界は今も、暴力が暴力を生む負の連鎖のなかで苦しみ、戦争が戦争を誘発する悪循環のなかで、多くの人びとが恐怖に怯えています。「自衛のために」というもっともらしい大義名分によって、あるいは「戦争を抑止する」という美名のもとに、はたまた「〝テロ〟との戦い」という大義のもとに、武器を保持し、戦争は繰り返され、この悪循環は断ち切れないでいます。

アフリカや中東、中央アジアをはじめ、どの地域紛争を見ても、現地の人びとが、自分ではとうてい造れそうもないピカピカの自動小銃などの近代兵器をあてがわれ、お互いに憎しみあい、血を流す構図。〝人権〟とか〝世界平和を乱すものへの制裁〟を名目に、容赦なく市民生活の領域にまでミサイルを打ち込んではばからない神経。兵器を商売に私腹を肥やす「死の商人」の餌食になるのは、もうたくさんです。二〇世紀は、戦争の世紀でした。第二次世界大戦の悲惨な体験と地獄絵のような沖縄戦、そしてヒロシマ・ナガサキを思い起こすだけでも、素直にその道理はわかるはずです。きっと、わかる時代がやってくるにちがいありません。

ここ犬上川・芹川流域地域圏《エリア》の人びとも、日本の他の農山村と同じように、近代の歴史のなかで数々の戦争に巻き込まれてきました。芹川上流域、鍋尻山のふところに抱かれた奥山の集落・

保月《ほうづき》には、戦争に召集され、無惨にもいのちを落とした村人の名前が刻まれた石碑が建てられています。

日露戦争一名、日中戦争一名、第二次世界大戦一七名。中国、ビルマ、フィリピン、南洋群島、沖縄などの戦線で、亡くなりました。戸数わずか四六戸（一九三六年当時）の山深い小さな集落も、日本の近代史の過酷な重荷を背負わされてきたことを、ひしひしと実感します。廃村寸前となり、もはや人の訪れることも稀な荒涼とした山中にあって、この石碑は、集落の消滅とともに悲しい歴史をも消し去られまいと、今なお風に吹かれて立っているのです。

犬上川上流域、大君ヶ畑の里山研究庵のすぐ隣の杉山一市おじいさんも、第二次世界大戦で旧満州や中国に出征、現地で終戦を迎えたそうです。辛い記憶は、八八歳になった今も忘れることはありません。昨今の世の風潮を察してか、一人暮らしとなった山の家の茶の間でテレビを眺めながら、「また戦争が始まるぞ」と、予言めいたことをつぶやいています。

大君ヶ畑の北側、芹川上流域の山奥深くひっそりとたたずむ男鬼《おおり》（彦根市）は、一九四九年の戸数わずか一六戸という小さな集落です。ここにもまた、かけがえのない青春を戦争に翻弄され続けた人がいます。一九一九年、この山村に生まれた大久保繁雄さんは、二〇歳のとき敦賀歩兵第一九連隊に入営、四〇年に旧満州へ派遣されました。四四年には、千島列島色丹《しこたん》島の守備にあたることになり、そこで終戦を迎えます。同時にシベリアに抑留され、日本に帰国したのは四七年八月のことでした。

「舞鶴港に入港、シベリアで生死を共にした人びととも、ここでお互い西と東に別れを告げました。京都駅で乗り換え、彦根駅からは、とぼとぼ歩いて帰りました。もう二度と見ることはできないと、一時はあきらめた山や川の風景を見ながら歩いたのも、本当に感慨無量、どんなにうれしく思ったことでしょうか。夏の日射しも暮れかけ夕闇迫る頃、男鬼の家にたどり着きました。母は、とても喜んでくれました。そうして、私の軍隊生活は終わりを告げたと同時に、私の二十代の青春時代も終わったのです」

大久保繁雄さん（彦根市男鬼、2002年）。今は山を下り、ふもとの住宅地に暮らす。「おじいちゃん、危ないよ」と家族に止められながらも、廃村となったふるさとの生家にオートバイで通っていた

これは、大久保さん自身が一九九六年にまとめられた手記『色古丹島とシベリヤの思い出』の締めくくりに綴られている文章です。執筆は困難な作業でしたが、小さなお孫さんを心に思い、「この子どもたちがおとなになって、この体験記を読んでくれたとき、平和の尊さを知り、何かを感じ取ってくれたら」と、四年

の歳月をかけて書きあげたのでした。

悠久の時空の中
人は大地に生まれ育ち
大地に帰っていく

二一世紀、自然と人間をめぐるこの壮大な循環のなかで、「菜園家族」は、共生の思想を、そして人を慈しむ素直な心を育んでいくでしょう。「菜園家族」は、もともと戦争とは無縁です。残酷非道な、それこそ無駄と浪費の最たる前世紀の遺物「人を殺す道具」とは、無縁なのです。「菜園家族」は、世界に先駆けて自らの手で戦争を永遠に放棄し、人間が自らも大いなる自然の一部に溶け込むように、平和に暮らすよすがを築いていくにちがいありません。

ひょっとしたら、「菜園家族」に託すこの願いは酔夢だったのだろうか。ふと、そんな思いがよぎります。しかし、よく考えてみると、すでにふれた世界人口〝五分の四〟の視点（四六ページ参照）からすれば、それは決して酔夢とは思えません。日本の国土に生きる私たち自身が、世界に率先してこの新しい人間の生き方「菜園家族」の道を選び、誠実に歩むならば、きっと世界に誇る日本国憲法に、いのちを吹き込むことになるでしょう。憲法の精神を地でいくこの「菜園家族」に、アジアの人びとも、さらには世界のすべての人びとも、いつかはきっと、惜しみない賞賛と尊敬の念を寄せてくれるにちがいありません。

世界は今、ものでも、お金でもなく、精神の高みを心から望んでいます。「菜園家族」はこの世界の願いに応えて、必ず世界に先駆けてその範を示すことになるでしょう。

ところが残念なことに、最近、日本人は、この憲法の本当のよさがわからなくなってきたようです。憲法の精神を現実世界に活かそうと努力するどころか、憲法が現実に合わなくなったとか、アメリカに押しつけられたものであるとか、とにかくいろいろな理由をつけては憲法を何とか変えようというのです。この傾向は、ますます強まってきています。

何もわからない幼い子どもたちから、戦時の苦しみをくぐりぬけてきたお年寄りに至るまで、何の罪もない多くの人びとを巻き添えにしてまでも、またあの暗い悲惨な道を突き進んでいこうとでもいうのでしょうか。どう考えても、不思議でならないのです。

今や憲法について、個人が何らかの意思を表明するとなると、即、党派に色分けされ、そこで人びとの思考は止まってしまいます。本当は、何が人びとに幸せをもたらし、何が正しく、何が間違っているのかこそが大切であるのに、色分けによって素直に考えることがはばまれ、そこで思考は止まり、その先にすすもうとはしません。戦前・戦中にも似たこの風潮が、今ふたたび蔓延しようとしています。そして、やがてこの風潮は、少数意見を排除していくのです。これは、今に始まったことではありません。歴史的にも根の深い、きわめて日本的な、〝負の遺産〟であるといわざるを得ません。

すでに教育の現場では、〝日の丸〟〝君が代〟問題が憲法問題に先行して、こうした風潮を強めてきました。小・中・高校の卒業式の日、教師や保護者や、そして子どもたちまでもが、踏み絵を強いられる式場の重苦しい雰囲気のなかで、気まずい思いをさせられながら、この風潮に呑み込まれていく姿は、よくご存知だと思います。

ここで指摘したことは、単なる危惧や妄想として片づけられない、きわめて深刻な問題をはらんでいます。この風潮に屈し、呑み込まれたら、おしまいです。内心の自由を土足で踏みにじること自体が、すでに戦前の繰り返しを許したことになるからです。

こうした情勢に今さしかかっているからこそ、人類が長い時間と苦闘の歴史のなかで築きあげてきた、人間の生きる思想の集大成ともいえる日本国憲法の意義を、私たちはもっとしっかりと再認識しなければなりません。その優れた憲法の精神を観念的に守ろうとするだけではなく、積極的に、私たち自身の日常の現実生活に活かす方法を探り、そして、それを実践し、その成果を世界の人びとに示すときが来たのではないでしょうか。

私たちは、背負ってきた〝負の遺産〟を克服しつつ、すべての党派や宗派を超えて、今こそ人びとの幸せと失われた人間の回復をめざして、新しい時代状況をつくり出していかなければなりません。「菜園家族」構想と、それにもとづく〝近江国循環型共生社会〟の未来展望は、まさにこのことを身をもって実践していく、理想への確実な道なのです。

まことの「自立と共生」をめざして

天才的喜劇役者であり、二〇世紀最大の映画監督であるチャップリンは、映画『モダン・タイムス』（一九三六年）のなかで何を描こうとしたのでしょうか。今あらためて考えさせられます。一九二九年にニューヨークから発した世界大恐慌のさなか、冷酷無惨な資本主義のメカニズムによって掃き捨てられ、ズタズタにされる労働者の姿を、チャップリンは臆することなく、時代の最大の課題として真っ向から受けとめました。ラストシーンはこの映画の圧巻です。

使い古された雑巾のように捨てられ、放心状態のチャップリン扮する労働者が、非情の都会に浮浪する少女とともに、喧騒の大都会を背に、丘を越え、前方に広がる田園風景のなかへ消えていきます。このシーンは、七〇年が経った今なお、二一世紀の人類に行くべき道を暗示しているかのようです。社会の底辺に生きる人間へのあたたかい視線と、慧眼としか言いようのない未来への洞察力に、ただただ驚嘆するばかりです。

近年、次々に飛び出してきては世に流布する新語。パート、フリーター、派遣労働、請負会社。どれひとつとっても、新たな装いを凝らしてはいるものの、これほど人間を愚弄し、家畜同然、機械の部品同然におとしめる代物はありません。

ある財界のリーダーは、こうした不安定労働者の現実について、マスメディアの質問に答えて、臆せず語ります。「経済効率のためには、そして熾烈な国際競争に勝ち抜くためには、それは必要なのですよ」と。さらなる質問にも、「人間の尊厳と言うけれども、私は競争によって選りすぐられた優秀な人間のみを大切にすることを経営の信条にしているのです」と言ってはばからないのです。

それでは、切り捨てられ、見捨てられた者は、人間ではないとでも言うのでしょうか。これが、今日の日本の経営者の本音であり、「常識」なのです。いつのまにか人びともそう思い込まされ、ついには、国民の「常識」にまですりかえられてしまいました。人類が自然権の承認から出発し、数世紀にわたって、鋭意かちとってきた自由・平等・友愛の精神からは、はるかに遠いところにまで後退したと言わざるを得ません。

こうしたギスギスした社会が、結局、何をもたらすかは、もうはっきりしてきたのではないでしょうか。市場競争至上主義の行き着く先は、九・一一のニューヨーク世界貿易センタービルの崩壊であり、その後に続く石油利権をめぐるイラク戦争です。日本国内では、不安定労働者や失業者の増大であり、不眠症・うつ病など「心の病」の蔓延であり、自殺者年間三万数千人の現状であり、果てには、財政効率化の大義のもと、教育や学問や医療や福祉の領域にまで競争原理を持ち込み、農業の規模拡大化によって、小さな農家を切り捨てようとする現実です。

ようやく「小泉マジック」から醒め、安倍政権への国民の不満と批判の声が高まるなか、二〇〇七年七月二九日、参院選での自民党の惨敗。強引なまでの安倍首相(当時)の続投、その後まもない突然の政権放り出し……。あわただしく後を継いだ福田首相は、自らの内閣を「背水の陣内閣」と銘打って中断していた国会を再開し、所信表明演説に漕ぎ着けます。そして、その「むすび」で「自立と共生の社会に向けて」と題して、こう力説するのでした。

「『自立と共生』……の先に、若者が明日に希望を持ち、お年寄りが安心できる、『希望と安心』の国があるものと私は信じます。激しい時代の潮流を、国民の皆様方とともに乗り越え、……持てる力のすべてを傾けて、取り組んでまいる所存であります」

「自立と共生」を語ることは、まことに結構です。その方向に努力することには、何の異存もありません。

「自立と共生」。このことばを誰が先に言い出したかなどと取り沙汰されたようですが、それはいかにも瑣末で意味のない議論です。今、問われているのは、「自立と共生」の内実であり、それを実現していくにはどのようにすべきなのか、その方法です。

「自立と共生」は、人類が長きにわたる苦闘の歴史の末に到達した、崇高な理念である「自由・平等・友愛」から導き出される概念であり、その凝縮され、集約された表現である、と言ってもいいものです。それは人類の崇高な理念であり、目標であるとともに、突きつめていけば、そこには「個」と「共同」という二律背反のジレンマが内在していることに気づきます。

あらゆる生物がそうであるように、人間はひとりでは生きていけません。人間は、できるかぎり自立しようとそれぞれ努力しながらも、なお互いに支えあい、助けあい、分かちあい、補いあいながら、いのちをつないでいます。「個」は「個」でありながら、今このときも、また時間軸を加えても、「個」のみでは存在しえないという宿命を人間は背負っているのです。それゆえに、人類の歴史は、個我の自由な発展と、他者との共存という、二つの相反する命題を調和させ、同時に解決できるような方途を探り続けてきた歴史であるとも言えるのではないでしょうか。

私たち人類は、その歴史のなかで、あるときは「個」に重きを置き、またあるときはその行き過ぎを補正しようとして「共同」に傾くというように、「個」と「共同」の間を揺れ動いてきました。この「自立と共生」という人類に課せられた難題を、どのような道筋で、どのように具現するかを示すことなく、このことばを呪文のように繰り返しているだけでは、空語を語るに等しいと言われても、致し方ないでしょう。

生きる自立の基盤があってはじめて、人間は自立することが可能なのであり、本当の意味での「共生」への条件が備わるのです。人間から生きる自立の基盤を奪い、そのうえ最低限必要な社会保障をも削って放置しておきながら、その同じ口から「自立と共生」を説くとしたならば、それは、二重にも三重にも自己を偽り、他を欺くことになるのではないでしょうか。

ところで、本書できわめて大切な歴史認識の問題として指摘してきたように、人間はイギリス産業革命以来、二百数十年の長きにわたって、農地や生産用具など生産手段を奪われ、生きる自立の基盤を失い、ついには根なし草同然の存在となってしまいました。

一九世紀「社会主義」理論は、生産手段の社会的な規模での共同所有によって、資本主義のこの矛盾を克服しようとします。しかし、二〇世紀の実践過程において、人びとを解放するどころか、かえって「個」と自由は抑圧され、「共同」は強制され、独裁強権的な中央集権化の道をたどり、壮大な理想への実験に挫折しました。そして、いまだにその挫折の本当の原因を突き止めることができず、新たなる未来社会論を見出せないまま、人類は海図なき時代に生きているのです。

二一世紀の今もなお、私たちの社会は、大量につくり出された根なし草同然の人間によって埋め尽くされたままです。生きる自立の基盤を失い、根なし草同然の人間が増大すればするほど、当然ながら市場原理至上主義の競争が蔓延し、不信と憎悪が助長され、互いに支えあい、分かちあい、助けあう精神は衰退します。そしてそれは、個々人の間にとどまらず、社会制度全般にまで波及していきます。

生きる自立の基盤を奪われ、本来の「自助」力を発揮できない人間によって埋め尽くされた社会にあって、なお私たちが「共生」を実現しようとするならば、社会負担はますます増大し、年金、医療、介護、育児、教育、障害者福祉、生活保護などの社会保障制度が財政面から破綻するほかありません。それが、日本社会の直面する今日の事態です。

この事態を避けるために考えられる方法は、財政支出の無駄をなくすか、税収を増やす以外にありません。しかし、急速な少子高齢化のなかで、財政の組み替えや節減だけでは、もはやどうにもならないところにまで来ています。

一方、「新経済成長戦略」などという触れ込みで、万が一「経済のパイ」を大きくし、法人からの税の増収をはかることができたとしても、この「拡大経済」路線そのものが、本質的に地球環境問題と真っ向から対立せざるをえません。

「環境技術」の開発によって、地球環境問題は解決できると期待する向きもあるようですが、それは幻想にすぎず、一時の気休めに終わるのではないでしょうか。なぜなら、第2章で述べたように、浪費が美徳という「拡大経済」の根底にある市場競争至上主義の思想そのものを変えないかぎり、「環境技術」開発による新たな生産体系そのものが、新たな法外な「環境ビジネス」を生み出し、資源やエネルギーの消費削減どころか、二一世紀型のさらなる新種の「拡大経済」へと姿を変えるだけにならざるをえないからです。

また、グローバル経済を前提にするかぎり、市場競争は際限なく熾烈を極めていきます。「国際競争に生き残るために」という口実のもとに、企業はますます社会的負担を免れようとし、結局その負担を、庶民への増税として押しつけてくるのです。

したがって、自立の基盤を奪われ、「自助」力を失い、浮き草のように生きる現代賃金労働者《サラリーマン》家族を基礎単位に構成される、今日の社会の仕組みをそのままにしておいて、「自立と共生」を語ること自体が、もはや許されない時代になってきていることに気づかなければなりません。

こうした時代認識にもとづいて、本書では「菜園家族」構想を提起しました。そして、それによって、人類共通の崇高な理念であり、目標でもある「自立と共生」という命題に内在する二律背反のジレンマをいかにして克服し、その理念をいかにして具現することが可能なのか、その方法と道筋を具体的に考えてきたつもりです。

生産手段を奪われ、浮き草同然の存在となった現代賃金労働者《サラリーマン》が、失った生産手段（自足限度の小農地、生産用具、家屋など）との「再結合」を果たすことによって、賃金労働者と農民という二重化された新しい人間の存在形態、すなわち週休五日制の「菜園家族」として生まれ変わる。つまり、「菜園家族」構想は、これまでには見られなかった新しい人間群像の誕生と新しい社会の到来を想定しているのです。そこでは、相対的に「自立」した「菜園家族」を構成する人間が、自然生的な地域団粒構造の特性ともいうべき相互補完システムのもとで、自ずと支えあい、分かちあい、助けあうことになります。このようにしてはじめて、「自立と共生」は、空言ではなく、具体的に現実のものになっていきます。

こうした社会的条件のもとで、これまでに考えられなかったまったく新しい理念にもとづいて、財政破綻を招くことのない、「自助」との調和のとれた新たな「公助」（社会保障制度）の誕生が期待されるでしょう。「菜園家族」構想は、産業革命以来長きにわたって、私たちのものの見方・考え方を支配してきた認識の枠組み、つまり、私たちが長い間拘泥してきたパラダイムを根底から覆すことによってはじめて、成立し得るものであるといってもいいのです。

一国の首相が、公の場から所信表明の形で、国民に向かって「自立と共生」をとにもかくにも語らなければならなかったのは、裏を返せば、そうでも言わなければ国民の不満と怒りはどうにもおさまらないところにまで来ている、ということの証でもあります。それはまた、私たちの社会が底知れぬ構造的矛盾を抱え込み、解決不能の事態に陥っていることを物語っています。

この社会の底知れぬ構造的矛盾に正面から向きあい、大胆にメスを入れ、今日の社会の枠組みを根本から転換することなしに、「自立と共生」を説くとすれば、それは、大多数の国民に、自立の基盤を保障せずに社会保障をも削減し、自助努力のみを強制するための、単なる口実に終わらざるをえないのではないでしょうか。どんな政権が新たに登場しようとも、社会のこの根本矛盾、つまり生産手段を奪われ、浮き草のようになった人間の存在形態を放置しておくかぎり、ほんものの「自立と共生」の実現への具体的かつ包括的な道は、見出すことはできません。そうした政権は、遅かれ早かれ、国民から見放されるほかないでしょう。

今日まで私たちが思い込まされてきたすべての「常識」は、おそらくこのままあり続けることはないでしょう。今や日本は、そして世界は、大転換期を迎えつつあります。

人は、明日があるから今日を生きるのです。失望と混迷のなかから、二一世紀、人びとはきっと、人類始原の自由と平等と友愛の自然状態を夢見て、素朴な精神世界への壮大な回帰《レボリューション》と、人間復活の道を歩みはじめるにちがいありません。

里山研究庵Ｎｏｍａｄと〝菜園家族 山の学校〟は、この壮大な歴史の胎動の一端を担い、長い道のりのスタートラインに、今ようやく立とうとしています。先人たちの未来への鋭い洞察力と、いのちへの限りなき慈しみの心に学びながら、〝森と琵琶湖を結ぶ流域地域圏《エリア》〟の最奥の地から二一世紀世界を展望していきたいと願っています。

最後に、ドキュメンタリー映像作品『四季・遊牧—ツェルゲルの人びと—』のエンディングから次の詩《ことば》を引用して、未来に夢をつなぎたいと思います。

それがどんな「国家」であろうとも
この「地域」の願いを圧《お》し潰すことはできない
歴史がどんなに人間の思考を顛倒させようとも
人びとの思いを圧し潰すことはできない

人が大地に生きるかぎり。

春の日差しが
人びとの思いが
やがて根雪を溶かし
「地域」の一つ一つが花開き
この地球を覆い尽くすとき
世界は変わる

人が大地に生きるかぎり。

あとがき

これほどまでに人間の尊厳が貶められながら、これほどまでに欲しいまま振る舞う「政治」を、これほどまでに長きにわたって許してきた時代も、めずらしいのではないでしょうか。それは、氾濫する雑多な情報に振り回され、ますます肥大化する欲望に翻弄された現代社会の病弊の為せる業なのかもしれません。

二〇〇一年、ここ鈴鹿山中の村里に拠点をおいてまもなくの秋、庵の古びたテレビに、突如、飛び込んできたあの不気味な映像。九・一一ニューヨーク・マンハッタンの超高層ビルの崩落は、今も私たちの脳裏に焼き付いて離れません。あれからはや七年の歳月が過ぎようとしています。今、世界覇権の巨大なシステムは、あのときの予感が的中したかのように、自らが抱える矛盾によって、崩れようとしています。そして、世界を揺るがすその根源的矛盾は日本社会の深層にも及び、抑えがたい地殻変動をもたらすことになります。諦念と反転への思いが錯綜する長い苦悶のなかから、人びとは、いよいよ覚醒の時代へと動きはじめたのです。

私たちの調査拠点は、世界の「本流」からはるか遠くに離れた過疎・高齢化に苦しむ山中にありますが、それゆえにかえって、時代のこの大きなうねりの本質が何であるかを、人間サイズで見抜く視点を与えてくれたのかもしれません。今となっては、こうした考えが多少なりともこの本に反映されていればと、願うばかりです。そして、この小さな本が、海図なき時代に生きる多くの人びとにとって、未来を見つめ、未来のあるべき姿を探る一助になれば、こんな幸せなことはありません。

最後になりましたが、本書は多くの人びとのお力添えによってまとめられたものです。大君ヶ畑や北落のみなさんをはじめ、『四季・遊牧』の上映と「菜園家族」の学習活動を支えてくださっている各地の方々、そして、いのちへの慈しみと未来への夢が膨らむあたたかな装幀で包んでくださった日高眞澄さんに、心からお礼を申し上げます。

コモンズの大江正章さんは、とにかく原稿には徹底的に手を入れる、聞きしにまさる厳しい編集者です。それでも意外と、鬼の目にも涙の一面をのぞかせます。それは、『地域の力』(岩波新書)の著者でもあり、書き手の気持ちがわかるからなのかもしれません。地域への思いを共にし、仕事ができたことを、うれしく思っています。あらためて深く感謝するしだいです。

二〇〇八年五月一四日

琵琶湖畔鈴鹿山中、里山研究庵Ｎｏｍａｄにて

小貫雅男

伊藤恵子

い―』高岩仁監督、映像文化協会企画・製作(1 時間 50 分)、1998 年。

映画『母べえ』山田洋次監督、松竹株式会社制作・配給(2 時間 12 分)、2008 年。

大久保繁雄『色古丹島とシベリヤの思い出』サンライズ、1996 年。

文部省中学校社会科教科書(1947 年)『復刊 あたらしい憲法のはなし』(小さな学問の書②)童話屋、2001 年。

文部省著作高校教科書(1948・49 年)『民主主義』(復刻版)径書房、1995 年。

農事組合法人大《お》戸《ど》洞《ふら》舎《しゃ》ウェブページ http : //www.eonet.ne.jp/˜odofurasha/。

弓削牧場ウェブページ http : //yugefarm.com/。

「菜園家族でエコライフ～三品聡子さん」『滋賀新聞―未来バトン』2006 年 7 月 22 日、http : //www.shiga-np.co.jp/2006/060722 baton.html

西田亮介「手づくりに生きる」『菜園家族だより』第 6 号、2003 年 10 月、里山研究庵 Nomad ウェブページ。

勢和図書館(三重県)での『四季・遊牧』上映会&トークの会と地域の紹介、里山研究庵 Nomad ウェブページ。

ルソー著、今野一雄訳『エミール(全 3 冊)』岩波文庫、1962 年。

デューイ著、宮原誠一訳『学校と社会』岩波文庫、1957 年。

サティシュ・クマール著、尾関修・尾関沢人訳『君あり、故に我あり—依存の宣言—』講談社学術文庫、2005 年。

ヨハンナ・スピリ著、竹山道雄訳『ハイジ(上)(下)』岩波少年文庫、1952〜53 年。

ラーゲルレーヴ著、香川鉄蔵・香川節訳『ニルスのふしぎな旅』(1)〜(4)偕成社文庫、2002 年。

リンドグレーン著、大塚勇三訳『やかまし村の子どもたち』『やかまし村の春・夏・秋・冬』『やかまし村はいつもにぎやか』岩波書店、2002〜03 年。

木下順二『夕鶴』金の星社、1974 年。

松谷みよ子『龍の子太郎』講談社、1995 年。

映画『龍の子太郎』松谷みよ子原作、浦山桐郎監督、東映動画製作(1 時間 15 分)、1979 年。

宮沢賢治(天沢退二郎編)『宮沢賢治万華鏡』新潮文庫、2001 年。

壺井栄『二十四の瞳』新潮文庫、1957 年。

無着成恭編『山びこ学校』岩波文庫、1995 年。

田村一二『手をつなぐ子ら』北大路書房、1966 年。

映画『手をつなぐ子ら』田村一二原作、稲垣浩監督、大映製作(1 時間 26 分)、1948 年。

田村一二『茗荷村見聞記』北大路書房、1971 年。

映画『茗荷村見聞記』田村一二原作、山田典吾監督、現代プロダクション製作(1 時間 52 分)、1979 年。

木全清博『滋賀の学校史—地域が育む子供と教育—』文理閣、2004 年。

記録映像番組 『ふるさとの伝承』(各回 40 分)、NHK 教育テレビ 1995〜98 年放送。

ドキュメンタリー映画『じゃあ、また来週！』久島恒知監督、DAI-NICHI 制作(1 時間 55 分)、2004 年。

小貫ゼミ学生編『わたしは生きていく—卒業作品集—』(2003 年度版・2004 年度版)、滋賀県立大学人間文化学部小貫研究室、2004・05 年。

映画『モダン・タイムス』チャールズ・チャップリン監督(1 時間 28 分)、1936 年。

映画『独裁者』チャールズ・チャップリン監督(2 時間 5 分)、1940 年。

漫画『はだしのゲン(全 10 巻)』中沢啓治作、汐文社、1988 年。

記録映画『教えられなかった戦争・沖縄編 — 阿波根《あわごん》 昌鴻《しょうこう》・伊江島のたたか

大森彌・大和田建太郎『どう乗り切るか市町村合併―地域自治を充実させるために―』岩波ブックレット、2003年。

保母武彦『「平成の大合併」後の地域をどう立て直すか』岩波ブックレット、2007年。

金岡良太郎『エコバンク』北斗出版、1996年。

加藤敏春『エコマネー』日本経済評論社、1998年。

リチャード・ダウスウェイト著、馬頭忠治・塚田幸三訳『貨幣の生態学』北斗出版、2001年。

藤井良広『金融NPO―新しいお金の流れをつくる』岩波新書、2007年。

井上有弘「欧州ソーシャル・バンクの現状と信用金庫への示唆」『金融調査情報』19―11、信金中央金庫総合研究所、2008年3月
吉田桂二『民家に学ぶ家づくり』平凡社新書、2001年。

林昭男『サステイナブル建築』学芸出版社、2004年。

滋賀で木の住まいづくり読本制作委員会企画・編集『滋賀で木の住まいづくり読本』海青社、2005年。

ウッドマイルズ研究会『ウッドマイルズ　地元の木を使うこれだけの理由』農山漁村文化協会、2007年。

中田哲也『フード・マイレージ―あなたの食が地球を変える―』日本評論社、2007年。

大江正章『地域の力―食・農・まちづくり―』岩波新書、2008年。

石井圭一「地方制度と農村振興―フランスのコミューンと集落―」『農林水産政策研究所レビュー』6号、農林水産省農林水産政策研究所、2002年。

石井圭一「フランス農村にみる零細コミューンの存立とその仕組み」『農林水産政策研究所レビュー』11号、2004年。

ドキュメンタリー映画『ぼくの好きな先生』ニコラ・フィリベール監督(1時間44分)、2002年、フランス。

●第5章・エピローグ

宮本憲一・内橋克人他『経済危機と学問の危機』岩波書店、2004年。

色川大吉『近代国家の出発』(日本の歴史21)中公文庫、1974年。

安丸良夫『日本の近代化と民衆思想』青木書店、1974年。

尾木直樹『子どもの危機をどう見るか』岩波新書、2000年。

瀧井宏臣『こどもたちのライフハザード』岩波書店、2004年。

映画『十五才―学校Ⅳ―』山田洋次監督、松竹株式会社配給(2時間)、2000年。

大君ヶ畑かんこ踊り保存会『大君ヶ畑のかんこ踊り』1992 年。

多賀町史編纂委員会編『脇ヶ畑史話』多賀町公民館、1972 年。

多賀町史編纂委員会編『町史零れ草』多賀町公民館、1992 年。

多賀町教育委員会編『多賀町文化財・自然史調査報告書第六集　霊仙地域の自然その一』多賀町教育委員会、2002 年。

苗村和正『庶民からみた湖国の歴史』文理閣、1977 年。

テレビ映画『天保義民伝―土に生きる―』津島勝監督、インターボイス制作(1 時間 20 分)、テレビ東京系列、1999 年放送。

『淡海木間攫《おうみこまざらえ》』(彦根藩領下の地誌書)寛政 4 年(1792 年)刊(滋賀県地方史研究家連絡会編『淡海木間攫《おうみこまざらえ》(3 分冊)』滋賀県立図書館、1984・89・90 年)。

『滋賀県物産誌』明治 13 年刊(滋賀県市町村沿革史編纂委員会編『滋賀県市町村沿革史』第 5 巻〈資料編〉、1962 年)。

滋賀県『滋賀県史最近世第四巻』滋賀県、1928 年。

滋賀県市町村沿革史編纂委員会編『滋賀県市町村沿革史』第 1 巻～第 3 巻、1967 年。

滋賀県市町村沿革史編纂委員会編『滋賀県史昭和編』第 5 巻～第 6 巻、1974～86 年。

滋賀県百科事典刊行会編『滋賀県百科事典』大和書房、1984 年。

彦根市『彦根市史(上・中・下)』臨川書店、1987 年。

彦根市史編纂委員会編『彦根明治の古地図(一)(二)(三)』2003 年。

高宮町史編纂委員会編『犬上郡・高宮町史』1986 年。

多賀町史編纂委員会編『多賀町史(上・下・別巻)』1991 年。

甲良町史編纂委員会編『甲良町史』1984 年。

『滋賀のしおり 2007』滋賀県統計協会、2007 年。

農林水産省統計情報部編『2005 年農林業センサス第 2 巻 農林業経営体報告書(総括編)』農林水産省ウェブページ。

農林水産省統計情報部編『2005 年農林業センサス第 7 巻 農山村地域調査及び農山村集落調査報告書』農林水産省ウェブページ。

農林水産省編『平成 19 年度版食料・農業・農村白書』農林統計協会、2007 年。

林野庁編『平成 19 年度版森林・林業白書』農林統計協会、2007 年。

第 4 章

室井力編『現代自治体再編論―市町村合併を超えて―』日本評論社、2002 年。

保母武彦『市町村合併と地域のゆくえ』岩波ブックレット、2002 年。

2002 年。

斉藤晶『牛が拓く牧場』地湧社、1989 年。

小林静子「飢えることへの心の貧しさ―生活・労働のなかの私の食―」安達生恒他編『食をうばいかえす！―虚構としての飽食社会―』有斐閣選書、1984 年。

小林静子「ささやかな一揆」『書斎の窓』366 号、有斐閣、1987 年。

小林俊夫「山羊とむかえる二一世紀」『第 4 回全国山羊サミット in みなみ信州発表要旨集』日本緬羊協会・全国山羊ネットワーク・みなみ信州農業協同組合生産部畜産課、2001 年。

映像番組『ごちそう賛歌ナチュラルチーズ・山からの贈り物～長野県大鹿村』(25 分)、NHK 教育テレビ 2001 年 7 月 6 日放送。

増井和子・山田友子・本間るみ子文、丸山洋平写真『チーズ図鑑』文藝春秋社、1993 年。

日本放送出版協会制作 『国産ナチュラルチーズ図鑑 ― 生産地別 ・ナチュラルチーズガイド』 中央酪農会議・全国牛乳普及協会・都道府県牛乳普及協会、2000 年。

スー・ハベル著、片岡真由美訳『ミツバチと暮らす四季』晶文社、1999 年。

佐々木正己『ニホンミツバチ』海遊社、1999 年。

小林圭介編著『滋賀の植生と植物』サンライズ出版、1997 年。

滋賀県『みどりの湖国―滋賀の森林・林業―』滋賀県、1992 年。

西尾寿一『鈴鹿の山と谷Ⅰ・Ⅱ・Ⅲ』ナカニシヤ出版、1987 年。

川崎健史『近江カルスト―花の道―』サンブライト出版、1987 年。

田中澄江・本田力尾『山野草グルメ―四季の香りと味を楽しむ―』主婦の友社、1986 年。

日本の食生活全集滋賀編集委員会編『聞き書滋賀の食事』農山漁村文化協会、1991 年。

甲良町教育委員会編『こうらの民話』甲良町教育委員会、1980 年。

藤河秀光編『大君ヶ畑分校』大君ヶ畑地区、1996 年。

『大君ヶ畑の花ごよみ』多賀町教育委員会、1996 年。

『多賀町萱原分校統廃合訴訟　大津地裁判決文(平成 4 年 3 月 30 日)』平岡久ウェブページ http : //www.hiraoka.rose.ne.jp/

大君ヶ畑保存会・青年団宮守『多賀町大君ヶ畑三季の講』1992 年。

多賀町史編纂委員会編『大君ヶ畑に伝わる古式行事について』多賀町公民館、1971 年。

第３章

松好貞夫『村の記録』岩波新書、1956年。

竹内啓一編著『日本人のふるさと—高度成長以前の原風景—』岩波書店、1995年。

吉川洋『高度成長—日本を変えた6000日—』読売新聞社、1997年。

田中角栄『日本列島改造論』日刊工業新聞社、1972年。

本多勝一『そして我が祖国・日本』朝日文庫、1983年。

宮本憲一他編『地域経済学』有斐閣、1990年。

松村善四郎・中川雄一郎『協同組合の思想と理論』日本経済評論社、1985年。

祖田修『都市と農村の結合』大明堂、1997年。

祖田修『市民農園のすすめ』岩波ブックレット、1992年。

田代洋一『日本に農業はいらないか』大月書店、1987年。

『食料・農業・農村基本計画』農林水産省、2005年3月。

『経営所得安定対策等大綱』農林水産省、2005年10月。

老山勝「小農斬り捨て、壊れる農村社会」『世界』2007年2月号、岩波書店。

ジャック・ウェストビー著、熊崎実訳『森と人間の歴史』築地書館、1999年。

稲本正『森の博物館』小学館、1994年。

稲本正編『森を創る森と語る』岩波書店、2002年。

西口親雄『ブナの森を楽しむ』岩波新書、1996年。

有永明人・笠原義人編著『戦後日本林業の展開過程』筑波書房、1988年。

深尾清造編『流域林業の到達点と展開方向』九州大学出版会、1999年。

堀靖人『山村の保続と森林・林業』九州大学出版会、2000年。

山岸清隆『森林環境の経済学』新日本出版社、2001年。

「地域の新たな管理で森林の再生を」『現代林業』2004年4月号、全国林業改良普及協会。

ヨースト・ヘルマント編著、山縣光晶訳『森なしには生きられない—ヨーロッパ・自然美とエコロジーの文化史—』築地書館、1999年。

増井和夫『アグロフォレストリーの発想』農林統計協会、1995年。

上田孝道『和牛のノシバ放牧』農山漁村文化協会、2000年。

三友盛行『マイペース酪農』農山漁村文化協会、2000年。

山口県畜産会『山口型放牧事例集—中山間地の畜産利用を目指して—(1)(2)』山口県畜産会、2001～02年。

天竺啓祐・安田節子他『肉はこう食べよう　畜産はこう変えよう』コモンズ、

文部科学省検定済高校教科書『物理Ⅱ』数研出版、2006年。

アリス・カラプリス編、林一訳『アインシュタインは語る』大月書店、1997年。

アドルフ・ポルトマン著、高木正孝訳『人間はどこまで動物か』岩波新書、1961年。

時実利彦『人間であること』岩波新書、1970年。

三木成夫『胎児の世界』中公新書、1983年。

松沢哲郎『進化の隣人ヒトとチンパンジー』岩波新書、2002年。

気象庁編『地球温暖化の実態と見通し（IPCC第二次報告書）』大蔵省印刷局、1996年。

IPCC編、環境庁地球環境部監修『IPCC地球温暖化第二次レポート』中央法規出版、1996年。

IPCC編、気象庁・環境省・経済産業省監修『IPCC地球温暖化第三次レポート—気候変化2001—』中央法規出版、2002年。

文部科学省・経済産業省・気象庁・環境省仮訳『IPCC第四次評価報告書 統合報告書 政策決定者向け要約』環境省ウェブページ、2007年11月30日。

気象庁訳『IPCC第四次評価報告書 第一作業部会報告書 政策決定者向け要約』気象庁ウェブページ、2007年3月20日。

環境省仮訳『IPCC第四次評価報告書に対する第二作業部会からの提案—気候変動2007：影響、適応、及び脆弱性—政策決定者向け要約』環境省ウェブページ、2007年4月8日。

（財）地球産業文化研究所仮訳『IPCC第四次評価報告書 第三作業部会報告書—気候変動2007：気候変動の緩和—政策決定者向け要約』（財）地球産業文化研究所ウェブページ、2007年5月14日。

気候ネットワーク編『よくわかる地球温暖化問題 改訂版』中央法規出版、2007年。

「特集 地球温暖化問題をどう受け止めるか」『日本の科学者』2007年12月号、日本科学者会議。

「地球温暖化」『Newton』別冊、2008年。

気候ネットワーク編『地球温暖化防止の市民戦略』中央法規出版、2005年。

和田武・田浦健朗編著『市民・地域が進める地球温暖化防止』学芸出版社、2007年。

諸富徹・鮎川ゆりか編著『脱炭素社会と排出量取引』日本評論社、2007年。

松田道雄『私は女性にしか期待しない』岩波新書、1990 年。

内橋克人『共生の大地』岩波新書、1995 年。

神野直彦『人間回復の経済学』岩波新書、2002 年。

金子勝・児玉龍彦『逆システム学―市場と生命のしくみを解き明かす―』岩波新書、2004 年。

森岡孝二・杉浦克己・八木紀一郎編『二一世紀の経済社会を構想する』桜井書店、2001 年。

藤岡惇「自然史のなかの社会と経済」『立命館経済学』第 52 巻特別号、立命館大学経済学部、2003 年。

藤岡惇「平和の経済学―くずれぬ平和《ディープ・ピース》を支える社会経済システムの探求―」『立命館経済学』第 54 巻特別号、2005 年。

池上惇・二宮厚美編『人間発達と公共性の経済学』桜井書店、2005 年。

「総特集 二〇世紀の資本主義と二一世紀」『経済』2000 年 10 月号、新日本出版社。

ハロルド・ジェイムス著、高遠裕子訳『グローバリゼーションの終焉』日本経済新聞社、2002 年。

「特集 アメリカはどうなっているか」『経済』2008 年 4 月号。

吉田太郎『有機農業が国を変えた―小さなキューバの大きな実験―』コモンズ、2002 年。

村井宗行『モンゴル時評(2002 年～)』村井宗行ウェブサイト http : //www.aa.e-mansion.com/~mmurai/

岩田進午『土のはなし』大月書店、1985 年。

鈴木恕・毛利秀雄『ウィナー生物 1 B・2』(高校生学習参考書) 文英堂、2003 年。

黒岩常祥『ミトコンドリアはどこからきたか』日本放送出版協会、2000 年。

川上紳一『生命と地球の共進化』日本放送出版協会、2000 年。

木村資生『生物進化を考える』岩波新書、1988 年。

スチュアート・カウフマン著、米沢富美子監訳『自己組織化と進化の論理』日本経済新聞社、1999 年。

アーヴィン・ラズロー著、野中浩一訳『創造する真空《コスモス》―最先端物理学が明かす〈第五の場〉―』日本教文社、1999 年。

スティーヴン・W・ホーキング著、佐藤勝彦監訳『ホーキングの最新宇宙論』日本放送出版協会、1990 年。

サイモン・シン著、青木薫訳『ビッグバン宇宙論(上・下)』新潮社、2006 年。

相原博昭『素粒子の物理』東京大学出版会、2006 年。

●第2章

芝原拓自『所有と生産様式の歴史理論』青木書店、1972年。

マックス・ベア著、大島清訳『イギリス社会主義史(全4冊)』岩波文庫、1968～75年。

岩間徹『ヨーロッパの栄光』(世界の歴史16)河出書房新社、1990年。

A・チャヤーノフ著、和田春樹・和田あき子訳『農民ユートピア国旅行記』晶文社、1984年。

奥田央『コルホーズの成立過程—ロシアにおける共同体の終焉—』岩波書店、1990年。

伊藤誠『現代の社会主義』講談社学術文庫、1992年。

倉持俊一『ソ連現代史Ⅰヨーロッパ地域』山川出版社、1991年。

小貫雅男『遊牧社会の現代—ブルドの四季から—』青木書店、1985年。

小貫雅男『モンゴル現代史』山川出版社、1993年。

レイチェル・カーソン著、青樹簗一訳『沈黙の春』新潮社、1974年。

ドネラ・H・メドウズ他著、大来佐武郎監訳『成長の限界—ローマクラブ「人類の危機」レポート—』ダイヤモンド社、1972年。

E・F・シューマッハ著、小島慶三・酒井懋訳『スモール・イズ・ビューティフル』講談社学術文庫、1986年。

ポール・エキンズ編著、石見尚他訳『生命系の経済学』御茶の水書房、1987年。

ジェイムズ・ロバートソン著、石見尚・森田邦彦訳『二一世紀の経済システム展望—市民所得・地域貨幣・資源・金融システムの総合構想—』日本経済評論社、1999年。

斉藤之男『日本農本主義研究』農山漁村文化協会、1976年。

玉野井芳郎『生命系のエコノミー — 経済学・物理学・哲学への問いかけ—』新評論、2002年。

石見尚『農系からの発想 — ポスト工業社会にむけて —』日本経済評論社、1995年。

河野直践「〈半日農業論〉の研究—その系譜と現段階—」『茨城大学人文学部紀要』第45号、2008年。

西川富雄『環境哲学への招待』こぶし書房、2002年。

森孝之『次の生き方—エコから始まる仕事と暮らし—』平凡社、2004年。

岩佐茂『環境保護の思想』旬報社、2007年。

水田珠枝『女性解放思想の歩み』岩波新書、1973年。

【参考文献】(一部映像作品を含む)

●プロローグ・第１章

河原宏『素朴への回帰―国から「くに」へ―』人文書院、2000年。

大野晃『山村環境社会学序説―現代山村の限界集落化と流域共同管理―』農山漁村文化協会、2005年。

国土交通省国土計画局『平成18年度国土形成計画策定のための集落の状況に関する現況把握調査最終報告』国土交通省国土計画局、2007年。

川人博『過労自殺』岩波新書、1998年。

宮本みち子『若者が〈社会的弱者〉に転落する』洋泉社新書、2002年。

熊沢誠『リストラとワークシェアリング』岩波新書、2003年。

暉峻淑子『格差社会をこえて』岩波ブックレット、2005年。

森岡孝二『働きすぎの時代』岩波新書、2005年。

NHKスペシャル・ワーキングプア取材班編『ワーキングプア―日本を蝕《むしば》む病―』ポプラ社、2007年。

吉川幸次郎・三好達治『新唐詩選』岩波新書、1952年。

小宮山量平『地には豊かな種子を』自然と人間社、2006年。

内橋克人『経済学は誰のためにあるのか―市場原理至上主義批判―』岩波書店、1999年。

多賀町教育委員会編『多賀町の民話集』多賀町教育委員会、1980年。

映像作品『四季・遊牧―ツェルゲルの人々―』小貫雅男・伊藤恵子共同制作(3部作全6巻・7時間40分)、大日、1998年。

小貫雅男「ある"遊牧地域論"の生成過程」『人間文化』3号、滋賀県立大学人間文化学部、1997年。

伊藤恵子「遊牧民家族と地域社会―砂漠・山岳の村ツェルゲルの場合―」『人間文化』3号、1997年。

今岡良子「豊かさとは何か？―モンゴル遊牧民の取り組みから考える―」『日本の科学者』2002年4月号、日本科学者会議。

小貫雅男・伊藤恵子『森と海を結ぶ菜園家族―21世紀の未来社会論―』人文書院、2004年。

小貫雅男・伊藤恵子『菜園家族物語―子どもに伝える未来への夢―』日本経済評論社、2006年。

〈著者紹介〉
小貫雅男（おぬき・まさお）
1935 年　中国東北（旧満州）、内モンゴル・鄭家屯生まれ。
1963 年　大阪外国語大学モンゴル語学科卒業。
1965 年　京都大学大学院文学研究科修士課程修了。
大阪外国語大学教授、滋賀県立大学教授を経て、
現　在　滋賀県立大学名誉教授、里山研究庵 Nomad 主宰。
専　門　モンゴル近現代史、遊牧地域論、地域未来学。
東西対立の終焉という激動期に、日本・モンゴル共同のゴビ遊牧地域研究プロジェクトを組織。同時に、日本の農山村の調査に取り組む。常に「辺境」からの視点で現代を見つめ、世界史的視野から未来社会論の構築に取り組んでいる。
主　著　『遊牧社会の現代―ブルドの四季から―』（青木書店、1985 年）、『モンゴル現代史』（山川出版社、1993 年）、『菜園家族レボリューション』（社会思想社、2001 年）、『森と海を結ぶ菜園家族―21 世紀の未来社会論―』（共著、人文書院、2004 年）、『菜園家族物語―子どもに伝える未来への夢―』（共著、日本経済評論社、2006 年）など。
映像作品　『四季・遊牧―ツェルゲルの人々―』（共同制作、大日、1998 年）。

伊藤恵子（いとう・けいこ）
1971 年　岐阜県生まれ。
1995 年　大阪外国語大学モンゴル語学科卒業。
1997 年　大阪外国語大学大学院外国語学研究科修士課程修了。
滋賀県立大学人間文化学部非常勤講師を経て、
現　在　里山研究庵 Nomad 研究員、大阪大学非常勤講師。
専　門　モンゴル遊牧地域論、日本の地域社会論。
モンゴル・ゴビ遊牧地域での越冬調査に参加、その記録映像作品『四季・遊牧』を共同制作し、上映活動を全国各地で展開。近江の農山村をおもなフィールドに、不安定社会を生きる若者世代の視点から地域のあり方を探っている。
主論文　「遊牧民家族と地域社会―砂漠・山岳の村ツェルゲルの場合―」（『人間文化』3 号、1997 年）など。
主　著　『森と海を結ぶ菜園家族』（共著、人文書院、2004 年）、『菜園家族物語』（共著、日本経済評論社、2006 年）。

里山研究庵 Nomad
〒522-0321　滋賀県犬上郡多賀町大字大君ヶ畑 452
TEL&FAX : 0749-47-1920　ホームページ　http : //www.satoken-nomad.com/

菜園家族21
二〇〇八年六月一五日　初版発行
著　者　小貫雅男・伊藤恵子

発行者　大江正章
発行所　コモンズ
東京都新宿区下落合一-五-一〇-一〇〇二
TEL〇三（五三八六）六九七二
FAX〇三（五三八六）六九四五
振替　〇〇一一〇-五-四〇〇一二〇
info@commonsonline.co.jp
http://www.commonsonline.co.jp/
印刷／東京創文社　製本／東京美術紙工
乱丁・落丁はお取り替えいたします。
ISBN 978-4-86187-049-1 C 1030

＊好評の既刊書

半農半Xの種を播く やりたい仕事も、農ある暮らしも
●塩見直紀と種まき大作戦編著　本体1600円＋税

天地有情の農学
●宇根豊　本体2000円＋税

食べものと農業はおカネだけでは測れない
●中島紀一　本体1700円＋税

食農同源 腐蝕する食と農への処方箋
●足立恭一郎　本体2200円＋税

みみず物語 循環農場への道のり
●小泉英政　本体1800円＋税

幸せな牛からおいしい牛乳
●中洞正　本体1700円＋税

地域の自立 シマの力（上）
●新崎盛暉・比嘉政夫・家中茂編　本体3200円＋税

地域の自立 シマの力（下） 沖縄から何を見るか沖縄に何を見るか
●新崎盛暉・比嘉政夫・家中茂編　本体3500円＋税